《李吉均手稿》编委会

《李吉均手稿》整理人员

选题创意

责任编辑

李吉均手稿

MANUSCRIPTS OF JIJUN LI

冰川学讲稿

Lecture Notes on Glaciology

李吉均　著

蘭州大學出版社

图书在版编目（CIP）数据

冰川学讲稿 / 李吉均著 ; 彭廷江整理. -- 兰州 : 兰州大学出版社, 2024.4
ISBN 978-7-311-06605-5

Ⅰ. ①冰… Ⅱ. ①李… ②彭… Ⅲ. ①冰川学 Ⅳ. ①P343.6

中国国家版本馆CIP数据核字(2024)第022539号

责任编辑　雷鸿昌　张国梁　王曦莹
装帡设计　马吉庆

书　　名　冰川学讲稿
作　　者　李吉均　著
　　　　　彭廷江　整理
出版发行　兰州大学出版社　(地址:兰州市天水南路222号　730000)
电　　话　0931-8912613(总编办公室)　0931-8617156(营销中心)
网　　址　http://press.lzu.edu.cn
电子信箱　press@lzu.edu.cn
印　　刷　陕西龙山海天艺术印务有限公司
开　　本　787 mm×1092 mm　1/8
印　　张　34.5(插页2)
字　　数　223千
版　　次　2024年4月第1版
印　　次　2024年4月第1次印刷
书　　号　ISBN 978-7-311-06605-5
定　　价　300.00元

(图书若有破损、缺页、掉页,可随时与本社联系)

李吉均

（1933—2020）

Li Jijun

李吉均，兰州大学资源环境学院教授、博士生导师，著名自然地理与地貌学家，中国科学院院士。主要从事冰川学、自然地理学、地貌学与第四纪地质学和干旱区人地关系的教学科研工作。在具有西部特色的青藏高原冰川、黄河起源与地貌演化、第四纪黄土、高原隆升及其对我国自然环境形成等方面提出许多有国际影响的理论。作为我国青藏高原隆升研究的代表学者，提出高原新生代以来经历两次夷平、三次上升的观点，最近的强烈上升始于360万年左右，经青藏运动A、B、C三幕、昆黄运动和共和运动达到现代高度；提出“季风三角”概念，生动刻画了中国东部第四纪环境演变的空间模式；对我国现代冰川和第四纪古冰川进行了系统研究，特别对季风海洋性冰川有新见解，主编《西藏冰川》和《横断山冰川》。关心国家建设，为西部开发和生态环境建设建言献策，提出建设纵贯青藏高原的西部大十字等重要观点。

李吉均先生从事地理学教育工作64年，对我国地理学教育与学科建设发展贡献巨大，为国家培养了一大批地学人才；指导了100多名硕士和博士研究生，许多人已成为我国地理学领域研究的学术带头人（其中4人已当选中国科学院院士，2人当选发展中国家科学院院士）；师生三代勇闯“地球三极”的事迹已成为学术佳话，激励莘莘学子继续从事地理学习和研究。

兰州大学“双一流”建设引导专项文化传承与创新资助项目

李吉均学术成长资料采集工程项目资助（项目编号：CJGC2019-K-Z-GS01）

序

Preface

李吉均先生是我国著名地理学家、地貌学家、教育家和社会活动家。他是中国科学院院士、国务院学位委员会首批博士生导师、兰州大学资源环境学院教授，是兰州大学地理学科的主要开拓者之一。他还是第八届全国人民代表大会代表、甘肃省第七届人民代表大会常务委员会委员。

李吉均先生1933年10月出生于四川彭县一个书香门第，家族子弟多以教师为业。他自幼聪慧，五岁即开始在母亲的教诲下识字、算数，背诵古文诗词经典，幼年的启蒙教育为他日后学术研究奠定了良好的文理功底。中学时代积极参加各种社团活动，曾担任学生会主席，并赴重庆参加“西南区第一届学生代表大会”。1952年，先生以优异的成绩从彭县中学毕业，之后考入四川大学地理系。一年后，由于全国高等院校进行专业调整，转入群星荟萃、名师满门、师资雄厚的南京大学地理系学习。在南京大学，先生徜徉于地理世界的知识海洋，如饥似渴地吸吮知识，并得到任美锷先生、杨怀仁先生等名师的指点。1956年，他以优异的成绩毕业，被推荐到兰州大学地理系攻读地貌学，成为著名地理学家王德基先生的研究生。

李吉均先生自1958年开始在兰州大学地理系执教，1962—1963年在北京大学地理系地貌专业进修，1984—1985年在美国华盛顿大学第四纪研究中心访问研修，1991年当选为中国科学院院士。他曾任兰州大学地理科学系主任、兰州资源环境科学研究中心首席科学家、甘肃省地理学会理事长、国务院学位委员会地理学科评议组召集人、中国地理学会地貌第四纪专业委员会主任、中国地理学会副理事长、教育部地理教学指导委员会副主任；曾担任国家自然科学基金委员会第三、第四、第五和第七届地理学科专家评审组成员，在80岁高龄时仍亲自带领年轻教师和学生在陇中盆地开展新生代沉积和地貌演化野外考察，为我们在治学和研究上做出了榜样。

李吉均先生是中国青藏高原隆升研究的代表学者，以“读万卷书穷通世理，行万里路明德亲民”为座右铭，一生奔走于名山大川、高原盆地，凭借深厚的人文思想和大量的野外实地考察，形成了许多重要学术建树。主编《西藏冰川》《横断山冰川》等10余部著作，发表论文350余篇。他创立并发展了关于青藏高原隆升的系统理论，提出了“青藏运动”“昆黄运动”等科学概念，对河流阶地发育、黄河和长江形成演化、黄土沉积与地文期等均有深入研究；提出了“季风三角”概念，生动刻画了中国东部第四纪环境演变的空间模式；对我国现代冰川和第四纪古冰川进行了系统研究，特别对季风海洋性冰川有新见解，划定了中国大陆性冰川与海洋性冰川的界线；首次指出了庐山存在大量湿热地貌遗迹和部分寒冻与泥石流地貌系统，替代冰川成因解释；提出了建设纵贯青藏高原的西部大十字铁路和西部水资源科学利用等重要观点。曾获得中国科学院首届竺可桢野外工作奖、全国高等学校先进科技工作者、第一批冰川冻土野外工作奖、第二届中国地理科学杰出成就奖、甘肃省劳动模范、百年兰大·特殊贡献奖、坚守·奋斗杰出贡献奖等称号；获评国家自然科学一等奖1项、二等奖3项，中国科学院基础研究奖特等奖、二等奖，教育部科学技术进步奖一等奖、二等奖等。

李吉均先生深知地理学与地质学的紧密联系，将二者融会贯通，以求真理为己任。野外实地考察是科学研究的重要基础，第一手的野外资料为他在地理学领域的研究奠定了坚实基础，而他对知识的渴求和宽广的知识面使他能够将地理学与大气科学、生物学等学科完美结合，以多学科的视野审视地球的规律与奥秘。谈及先生的研究领域时，冰川学不可或缺。他深入探索青藏高原的冰川，对贡嘎山、海子山、祁连山等展开了综合考察，将自然地理与人文因素相结合，不仅关注冰川的形态和变化，更关注其对人类社会和生态环境的影响。他对藏东南海洋性冰川和甘肃马啣山多年冻土等特殊地理现象的研究，为深入了解地球的冰川和气候变化提供了宝贵的线索。这一点至关重要，或许就是我等后辈从研究冰川到关注气候和气候变化，进而提出和发展冰冻圈科学的“先兆”！此外，他治地理学且具有深厚的地质学、生物学、大气科学、水文学等基础功底，加上广博的哲学、历史、文学、社会学等知识，他的科研获得极大成功，修养得以极大提升，生活也获得极大丰富。但先生还主张“学有专攻”，他告诫我们：做学问不能漫无边际，必须形成自己的专业方向，这样才能在学术上立足。否则，即使先天资质很高的人，也会一事无成。如何把握广博和专攻的程度，拿捏到恰到好处并获得成功，先生为我们做了极为出色的表率。

说到读书，李吉均先生嗜书如命。他的阅读极为广泛，不仅有古今中外的地理、地质学名著，还有莎士比亚的英文原版诗集等，还说过将来退休后要尽情“享受”世界文学大师的名著。他爱书、爱读书、博览群书，但他可不是书斋中的地理学家。他鼓励学生要“志在高山流水”，要读万卷书，还要行万里路，他带领学生爬越青藏高原的冰川险峰，祖国西部黄土高原的梁峁沟壑，支持弟子们奔赴地球三极开展实地科学考察。他野外工作经验丰富，洞察力敏锐，鉴别力卓越，尤其在冰川地貌与沉积、各种成因的沉积相与地层、各种构造形迹及其与地貌的关系等方面有独到之处。他讲述理论知识和野外现象之所以逼真生动，对学生有很强的感染力，使学生能心悦诚服地迅速进入学术领域，很重要的一点是，作为地理工作者，书斋、大自然和社会不可偏废，必须老老实实拜它们为师。

随着地理科学的发展和学术研究的深入，越来越多的学者开始关注和探索中国的地理变迁与环境演化。在这一领域中，先生是一位具有重要影响力的学者，他的研究成果和学术贡献有力地推动了地理学的发展。“李吉均手稿”系列汇集了他多年来的学术思考和实地研究成果，为深入了解中国地理环境的演变提供了珍贵的资料和启示。“手稿”所呈现的内容涉及先生在多个领域的研究成果，包括高山冻土、大陆性冰川与海洋性冰川、青藏高原现代冰川与第四纪冰川，青藏高原隆起的时代、幅度和形式，冰川地貌与冰川沉积相、中国东部第四纪冰川与环境研究、季风三角、黄河阶地和黄河起源、黄土沉积与地文期、青藏运动、陇中盆地新生代沉积与环境研究以及西部开发研究，等等。在“手稿”里，他对传统地貌学理论都有文字记载和个人见解，足见先生对地学基本理论的重视。对基本理论重视的另一个例子是，单就彭克地貌理论和戴维斯地貌旋回而言，在我做研究生时的入学考试、复试和第一学期期末考试中就考了三次，角度不同，反复锤炼，他加强学生基础理论学习的良苦用心，可见一斑！当然，“手稿”内外，这一系列研究成果无不凝聚了先生多年来的心血和智慧，展现了他对地理科学的深刻理解和对知识的灵活运用。在这些领域中，先生的贡献不仅体现在他对理论的构建和科学概念的提出上，更重要的是，他通过大量的实地考察和研究，揭示了中国地理环境的变迁与演化的复杂过程，这不仅丰富了地理学的学术体系，也为深入认识中国的地理特征和自然环境提供了有力支撑。无论是对黄河、长江的起源，还是对青藏高原隆升及其对中国环境的影响，先生都以其深入的思考、精确的研究和创造性贡献为学术界树立了榜样。

李吉均先生对学术的兴趣与追求永不停息。在他晚年，由于健康原因行动不便，不能再上青藏高原等高海拔地区，于是他将工作重点转移到高原东部边缘地带。他不顾病痛，跋涉于祁连山东端、甘肃马啣山、陇中盆地，研究与青藏高原隆升密切关联的夷平面分布、河湟阶地发育与地文期演变、新近系红土地层与环境、第四纪黄土等重大科学问题。同时，他持续关心中国东部第四纪冰川问题争论，不断有高水平论文发表。先生曾说，“我对这片土地爱得深沉”，这绝不是随口虚言！

作为著名教授和地理学教育家，李吉均先生很重视学生综合素质的培养。他特别强调人格塑造，“欲做学问，必先做人”是他的一贯主张。为学者，不仅要“笃学慎思，求真务实”，更要品行端正，具有家国情怀。在他70岁生日座谈会上，他曾向学生推荐毛泽东主席以及历史先贤的几篇精品文章，希望大家能够弘扬中国人赤诚、敬亲、浩然正气和怀祖忧国的优良传统。先生自1956年就坚守、奋斗在高等教育战线，一个甲子多的时间为中国和世界培养了大批的地理学人才。难以计数的本科生受到他的启迪与熏陶，培养的硕士、博士研究生达到120多人，在我国地理学科学研究、教学、学科建设以及组织领导等方面发挥了重要作用。由于注重德才兼备、忧国忧民、科学研究与高水平人才的有机结合，他带出来的学生中，有中国科学院院士，长江学者、国家杰出青年科学基金获得者，中国科学院“百人计划”入选者以及国家级教学名师，等等。他们在先生的指导下，在地理学领域取得了突出的成就，为中国地理学的发展做出了卓越贡献。这种学术传统和人才培养模式，使得先生的影响力得以延续和扩大，形成了一种学术传承的良好氛围，也是他作为教育家的独有特点。他带领团队立足西部，推动改革创新，建设一流的国家理科地理学基地。兰州大学是李吉均先生辛勤耕耘的摇篮，也是他教书育人的舞台。在他的领导下，兰州大学地理科学崛起为中国高校知名学科之一，自然地理学更曾荣获国家重点学科的第一名，兰大人也在地理学领域取得了举世瞩目的成就，他们献身地理学教育事业的奋斗与追求，是先生持久追求理想和科学真理精神的硕果，得到国内外地理学界尤其是后辈学者的广泛尊敬与仰慕。我作为先生的学生，又是第一代开门研究生，从1978年开始接受先生的系统指导，“劳筋骨”“苦心志”，耳濡目染、心领神会，感触良多。毕业走上工作岗位后，与先生在学术、感情和心灵上的联系和沟通从未间断，且越来越浓烈深厚，深感成为他的学生十分荣幸与自豪！

李吉均先生十分关心国家发展和经济社会建设。作为人民代表，他利用各种机会，以雄辩的语言，抓住机会为甘肃的改革发展、脱贫致富和“西部大开发”鼓与呼。他特别强调干部的素质和领导的眼光，可以说是直话直说，说到了实处。他结合地理科学发展和社会需要，在地理系专招人文地理专业的博士研究生，目的是方便学以致用，服务西部发展。他很早提出过铁路建设的“西部大十字计划”，随着青藏铁路通车得以部分实现。在西部发展中，他还有许多构想。他强烈的人文关怀，不仅对学生有很强的感染力，对广大群众、社会和决策层也同样有很大影响。

“李吉均手稿”系列是李吉均先生探索地理科学阶段性的思想凝结，是他智慧和经验的真实写照，也是地理科学的重要参考文献。读这些“手稿”，可以感受和体会到他对地理学的挚爱、对人才培养的独特以及为学术事业无私奉献的科学家精神。“手稿”的出版，对于传承和发扬先生的学术精神、推动地理学教学和科研的改进和发展，具有重要意义。作为历史见证，系列手稿的出版，也为广大读者提供了一扇窥探中国地理环境变迁的窗口。

走进李吉均先生的学术殿堂，其所映射的思想火花与科学光辉，会激发我们努力探索地理科学奥秘的兴趣，增强我们推动中国地理学繁荣和进步的信心。翻阅先生手稿，如沐春风，如饮甘露，百感交集，无限怀念，仿佛回到了当年激情四射的时代，感慨不已，对先生的辛勤耕耘和诸多贡献，表示由衷的敬意！希望“李吉均手稿”系列广泛传播，为中国地理科学的发展贡献力量！

最后，让我们秉承李吉均先生的学术精神，为繁荣和发展地理科学，为实现人类可持续发展而砥砺奋斗、永不懈怠！

学生　秦大河

2023年秋于北京

目录

Contents

序 论

广义冰川学

狭义冰川学

结构冰川学原理

物理冰川学

古典冰川学

冰川分类

我国古冰川

中国现代冰川

人工利用冰川

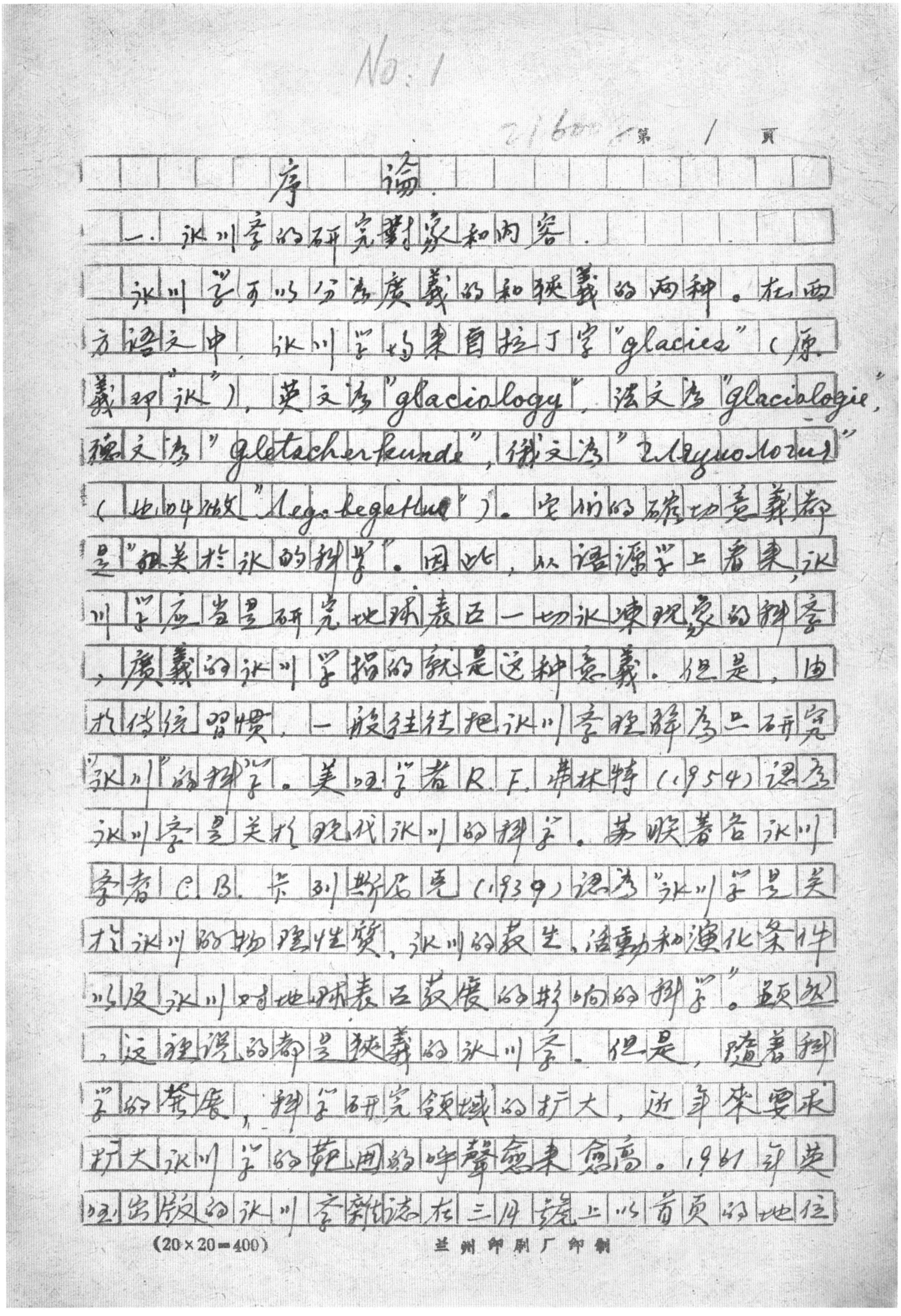

No:1

21600 第 1 頁

序论

一. 冰川学的研究对象和内容

冰川学可以分为广義的和狭義的两种。在西方语文中，冰川学均来自拉丁字"glacies"（原義即"冰"），英文为"glaciology"，法文为"glaciologie"，德文为"gletscherkunde"，俄文为"Гляциология"（也叫做"Ледоведение"）。它们的确切意義都是"有关于冰的科学"。因此，从语源学上看来，冰川学应当是研究地球表面一切冰凍现象的科学，广義的冰川学指的就是这种意義。但是，由于传统习惯，一般往往把冰川学理解为"研究冰川"的科学。美国学者R.F.弗林特（1954）认为冰川学是关于现代冰川的科学。苏联著名冰川学者C.B.卡列斯尼克（1939）认为"冰川学是关于冰川的物理性质，冰川的发生、活動和演化条件以及冰川对地球表面发展的影响的科学"。显然，这里讲的都是狭義的冰川学。但是，随着科学的发展，科学研究领域的扩大，近年来要求扩大冰川学的范围的呼聲愈来愈高。1961年英国出版的冰川学雜誌在三月號上以首页的地位

（20×20=400） 兰州印刷厂印制

冰川学的研究对象和内容

重伸冰川学的定義。他们認為把冰川学只限於研究冰川是錯誤的。主張这种观点的人有R.芬斯特瓦尔德、F.德賓漢、Л.Л.麥肯唐等。在苏联学者中，П.А.苏姆斯基是堅决主張按拉丁文原義来理解冰川学的内容的，这在1955年他写的"结构冰川学原理"一書中講得很清楚。广義的冰川学是应当存在的，这是因為地表一切形式的冰凍现象（包括冰川、雪盖、浮冰、凍土以至季節冰等）有着共同的物理过程，即研究水在零度以下的各种凍结形式。但是，廣义的冰川学不能認為目前已經建立起来了，就是狭義的冰川学目前也正在積极發展之中，不能認為已經十分完備了。我们認為，考慮到中文的含義最好把"冰川学"理解為狭義的冰川学，而把廣義的冰川学叫做"冰凍学"。这样就更加符合於中文的实际含義。其实，"冰凍学"一名也不是我们首先採用的，早在1923年，波蘭学者A.Б.多布洛沃尔斯基即提出"冰凍学"（Криология）一名。此名辞的辞源是取自希腊字"κρυος"即寒冷的意義。按多布洛沃尔斯基的意见，"冰凍学"就是

第 3 頁

关於冰的科学”。同時他还提出“冰圈”（Криосфера）的概念，这实际上和M.B.罗蒙诺索夫在1763“論地层”一書中所提出的“冷层”（大气圈中）差不多是同一意思。冰圈中发生的一切冰冻现象就是“冰冻学”研究的对象。对於建立统一的“冰冻学”，В.И.维尔纳德斯基曾作出了重要的貢獻。在西方学者中，虽然多数權威人物主張广義的冰川学，但並没有提出统一的理論。就連力主广義的冰川学的苏姆斯基，也提不出一切广義冰川学的分科系统来，只能提出一個狭義冰川学的分科表。这可以说是事出頗遗的，原因就在於广义冰川学仍然不过处於萌芽階段而已。它的建立必须许多科学部门工作者共同努力才行。从下列苏姆斯基的表中可以看出，他把冰川学和冻土学相並列。显然，这是狭義冰川学的観点，因为按照广義冰川学看来，冻土既然是“冰圈”的一部分，则冻土学也即是广义冰川学或“冰冻学”的一部分了。

根据上述情况，我们仍然把冰川学理解为关於冰川的科学。这种冰川学是以存在於地球上

（20×20=400）　　兰州印刷厂印制

冰川学的研究对象和内容

第 4 頁

两极和中低纬地区高山的冰川作为自己研究的对象的。冰川是固态大气降水积累变质而产生的冰的天然堆积体，从永久积雪到各种型式的冰川是一個發展过程。因此，冰川的生命首先成为冰川学的内容，这就包括冰川的发生、积累和消融、運動、構造、等等的研究。另外，冰川是在特殊的自然地理条件，首先是在特殊的气候条件下形成的。而冰川本身作为一個自然地理首先是水文—气象及地质作用的因子之一，对地区景观起着积极的改造作用！冰川学当然也要研究这些内容 地质史上，冰川曾多次出现，它在地球表面的演化历史上留下了自己特殊的痕迹，历史上的冰川作用也就成为冰川学的一部分。另外，地球表面极地和中低纬高山都分布着冰川，但无论就其生成的自然地理条件，冰川本身的规模和活动特点都是很不一樣的。因此，对不同地区的冰川进行专门的研究，揭露其特殊性，也就成为十分必要的了。

上述内容可以分别归纳为冰川学的三个分支，即理论冰川学、历史冰川学和区域冰川学。

(20×20=400)　　兰州印刷厂印制

第 5 頁

历史冰川学和第四纪地质学的研究领域很大部分是相同的，不过后者比前者更为广泛。区域冰川学应当不仅限于记述各地冰川的位置规模，还应当指示各地冰川的特殊性，这种特殊性首先取决于各地自然地理条件的差异。因此，区域冰川学具有明显的地理学性质。

理论冰川学是冰川学的核心，它是物理学、地质-地理学的边界科学。按照苏姆斯基的意见，理论冰川学应包括物理冰川学、水文-气象冰川学及地质-地貌冰川学的三个分支。其中物理冰川学又应包括冰的热物理学、结构冰川学及冰的力学。

苏姆斯基关于冰川学的分支及其与相邻学科关系的看法我们是同意的，但应当记住，无论在历史上和现代，冰川学的各部门的发展是极不平衡的。

(20×20=400)　　兰州印刷厂印制

冰川学的研究对象和内容

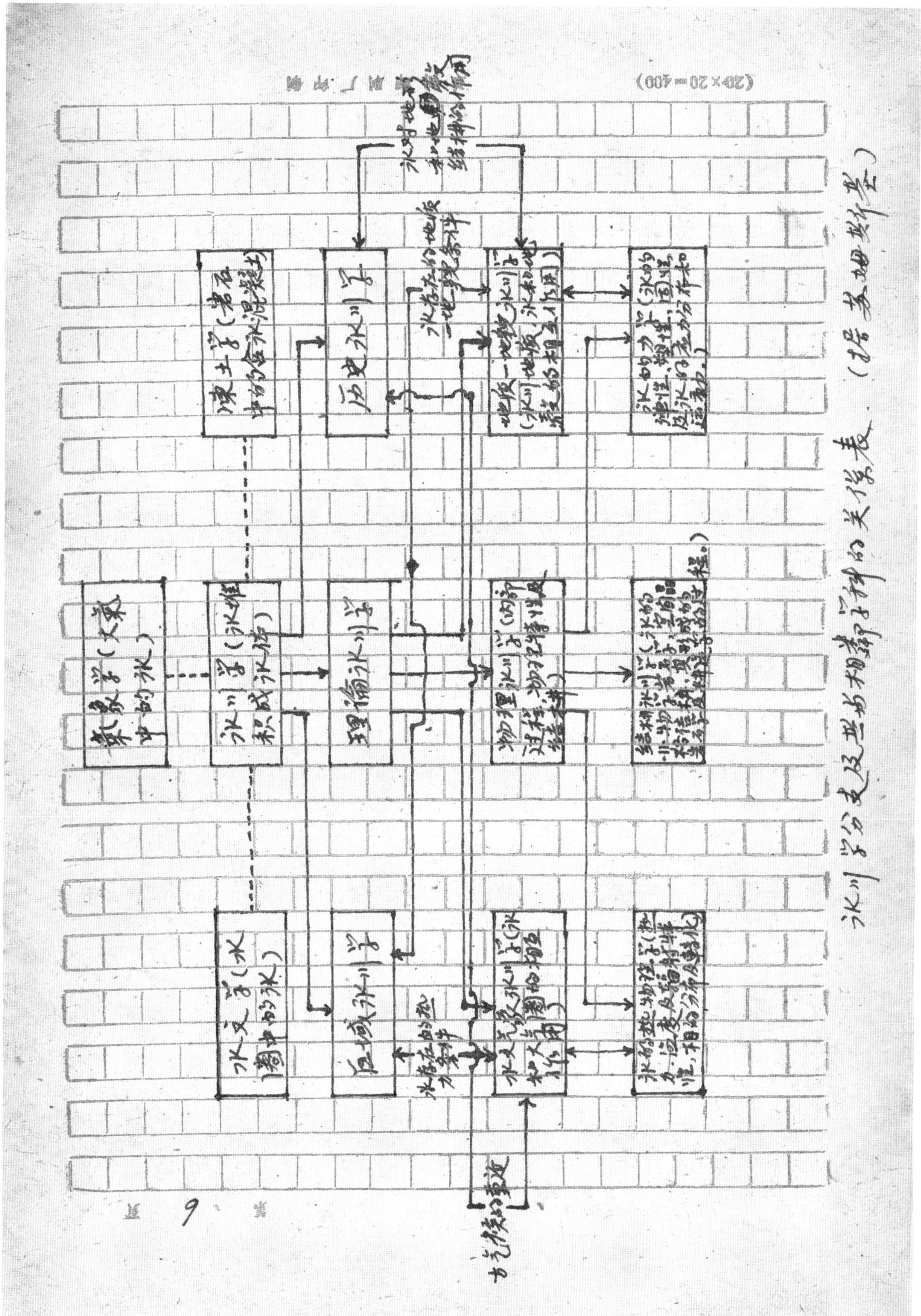
气象学（大气中的冰）
冰川学（冰堆积成冰体）
水文学（水圈中的冰）
冻土学（岩石中的含冰混凝土）
区域冰川学
理论冰川学
历史冰川学
冰存在的热力条件
冰存在的地质—地貌条件
冰对地形和地壳结构的作用
古气候的重建
水文气象冰川学（冰和大气圈的相互作用）
物理冰川学（内部过程、物理特性及结构）
地质—地貌冰川学（冰川地质、冰和地壳的相互作用）
冰的热物理学（热力、温度及辐射特性，相的分布及转化）
结构冰川学（冰的小构造、岩石学、空间晶格结构、其形成的岩石学及构造学的过程。）
冰的力学（冰的弹性、塑性、固性及冰的应力分布和运动。）
冰川学分支及其与相邻学科的关系表（据苏姆斯基）

第 7 页

二 冰川学~~研究~~的發展

冰川学是一门已有百多年历史的科学。古典的冰川学發源於歐洲阿尔卑斯山周围各国。但是，最初被人们注意的主要不是冰川本身，而是冰川所遺留下的活動痕跡，—这就是說，古冰川作用最先引起人们的注意。著名的地质学家普萊菲尔在1815年到侏罗山旅行时就承認那裡许多巨大的砾石可能是过去的高山冰川搬去的。1821年瑞士工程师汶列茨（Venetz）認为阿尔卑斯的冰川过去比现在大得多。1824年挪威人伊斯馬克（Esmark）对挪威冰川也發表了同樣看法。伯恩哈德（Bernhardi）1832年提出古大陸冰盖存在的看法。汶列茨的朋友J.奇彭特尔（Charpentier）赞同汶列茨的看法，正是主要通过奇彭特尔的介绍，阿加塞兹才对冰川發生興趣。本来他是懷疑冰川过去比现在大的看法的，在1836年他到阿尔卑斯山作了一次旅行，結果完全成为奇彭特尔的信徒了。1840年發表了他的"冰川学說"（Études sur les glaciers）一文，在該文中他宣稱曉近地质时期有过巨大

（20×20=400） 兰州印刷厂印制

冰川学的发展

的"冰川時期"。动物学家的阿加塞斯成为冰川学的創始人了。由于他的广泛宣传（他到美国哈佛大学作过教授），冰期学说终于取得了公認，奈伊尔的漂礫学说逐渐丧失了自己的影响。只是主要由于地质学家对冰川的地质（地貌）作用的兴趣，才逐渐开始对冰川运动及蚀積活动等进行研究。至于冰川物理，由于技术水平的限制，当時多是处于臆测的阶段，提出的许多假说以后都大多失去了真实的意义。

阿尔卑斯冰川学派的登峰造极以彭克和布吕克纳尔1909年发表的三卷"冰期中的阿尔卑斯"（Die Alpen im Eiszeitalter）为代表，在该著作中论述了阿尔卑斯山的区域冰川和划分了四次冰期，他们的观点对世界其他各国的冰川研究影响是十分巨大的。但就在发表上述著作的同時，大陆冰川的研究得到了愈来愈大的重視。此中值得提出的有英国探险家E. H. 沙克尔頓1909年的南极考察，他的目的是到达南极，虽然未曾到达，但也收集了不少科学资料，尤其在南极洲发现了煤，说明那裡的冰并不是恆古以来就存在的。1910—13年英国南极考察队搜集了不少科学资料，其成果发表在1922年Wright和Priestley合著的"冰川学"一书中。在该书中广泛阐述了南极冰川的各种问题。第一次世界大战中断了极地的科学考察工作。战争结束后，随着飞机由军用转入到民用，以及技术装备的改善，为极地冰川的考察提供了有力的技术基础。美国人R.E.柏尔德首先在1929年利用飞机完成了南极点的考察并应用了空中摄影技术，以后他还在飞机上研究了南极洲的地质构造，用音响测深法确定冰川厚度等。1929—31年魏格纳领导的格陵兰考察队对格陵兰冰盖作了定位的研究提供了许多重要的报导。另外，同期霍布斯、德莫列斯特也在格陵兰进行考察，提出了一些新的冰川理论。如关于冰川运动方式，大陆冰川通过变成死冰而消失等观点（后者首先是由R.F.弗林特研究古冰川得出的结论）。阿尔曼多年在北大西洋沿岸的冰川研究使他在1935年提出了冰川的地球物理分类，是冰川分类上的一大进步。应当指出，在同一时期中，苏联学者也参加了第二次国际

(20×20＝400)　　兰州印刷厂印制

极地年（1932－33）的工作，组织了冰川考察工作，尤其是中亚冰川第一次得到了详细的研究，其成果发表在"第二次国际极地年冰川考察文集"（Труды Ледниковых Экспедиций 2 МПГ）中，1937年出版了卡列斯尼克的"苏联山岳冰川地区"一书总结了上述考察。苏联冰川学在三十年代有明显的地理特色，这种影响直到现在已成为苏联冰川学的传统。另外，由于西伯利亚和极地的开发，冻土学和海冰学在苏联得到迅速的发展，超过了其他资本主义国家，这已属于广义冰川学的范围。二次世界大战再度停顿了极地考察，战后美国从军事侵略观点出发对极地研究十分重视，1946－47年组织了以柏尔德为首的南极考察队，参加"考察"的官兵共达4,000名，动用了各种海军舰只，其军事目的显而易见。美国军队在二次大战中建立起来的陆军工程军团的"寒冷地区研究和工程实验室"中有许多科学工作人员参加工作，他们的活动遍及两极，南北美洲和阿拉斯加，对冰川和冻土等都进行考察。另外，美国地理学会战后十余年也组织了南北美洲冰川活动的对比观察，在北美主要在阿拉斯加海岸，南美主要在智利与阿根廷边境的安达斯山。英国剑桥斯科特极地研究所长期以来是英国的冰川研究中心，1947年以后剑桥冰川学会的赞助出版了英文的"冰川学杂志"（Journal of Glaciology），现在已成为国际上代表性的冰川学杂志，它的刊登的内容既包括冰川也包括广义冰川学的各方面，是一综合性的冰川杂志。剑桥大学讲师W.刘维士以后多年领导了斯康的那维亚山冰川的研究，也获得了不少成果。另一有代表性的冰川杂志是奥地利音斯布洛克魏格纳大学出版的"冰川学和冰川地质学杂志"（Zeitschrift für Gletscherkunde und Glazialgeologie），也是自1947年开始出版的。战后冰川学的巨大进展是第三届国际地球物理年（1957—1959）中进行的工作。这是一次空前的世界性的冰川观察研究，参加的国家有26个，它们按照统一的工作大纲同时在全球各地进行工作。在全世界共设立了103个冰川观测站，其中37个分布在北极地区，22个在北温带，6个在热带

冰川学的发展

第 12 頁

及赤道附近，6个在南温带，38个在南极洲。这就是说，观测是全球各地都在进行的。这届国际地球物理年的冰川观测收集到了空前丰富的资料，但综合理论性的巨著尚未问世。但一些观测资料已足以推翻许多过去的看法。目前正处于资料的整理提高的时期。

苏联的冰川研究在二次大战后有显著的进展，苏姆斯基把[illegible]岩石学的研究方法用到冰川研究中，揭露了作为矿物和岩石的冰的许多特性。同时，他和另一位苏联冰川学家阿夫修克不谋而合，发展了阿尔曼冰川分类的观点，特别是提出了海洋性大陆性冰川的概念和阿尔卑斯冰川相对立。另外，他的博士论文"冰川作用能量和冰川的生命"（1948）也很有价值。1960年他被选为国际水文科学协会冰雪委员会的主席，代表苏联冰川学已取得国际的声誉。

我国冰川研究也是从古冰川开始的，三十年代李四光关于庐山冰期的文章问世之后，地学界中对冰川感到很大兴趣。虽然下结论还为时过早，但在推动中国古冰川研究上，李四光的功绩是

（20×20=400）　　兰州印刷厂印制

第 13 頁

不断磨减的。解放后，主要是大跃进以来，中国的现代冰川才得到认真的调查，其主要成果是積累了一批资料，培养了有一定规模的科学队伍，并且对人工利用冰川作了有意义的探索。

(20×20=400)　　兰州印刷厂印制

第一章
现代冰川分布特征
（缺失，题目为编者所加）

雪线位置

直接测量

间接法

冰川物质平衡

气候雪线

古今雪线分布剖面图

世界冰川的分布

现代冰川

地理分布

海洋性气候

大陆性气候

均聚集于4000—4500m之间的高度带上，在更高的山顶上完全没有粒雪分布，故而粒雪区形成一条环绕山峰的腰带。（该山拔高5633m以上）地形对冰川作用的影响及雪线位置的影响也是通过气候尤其是对小气候发生作用的，因而在分析原因时也不能列为主导的原因。

（雪线位置不唯一取决于温度，这可以下列事实加以说明。按照气候学家拜本的意见在北纬35°—70°N间雪线为最热月4°C±3°C等温线相适当，我看出年平均-4°C±2°C的等温线相适应。V.帕辛格尔(paschinger)以为雪线年平均温度变化在10°C和-10°C之间，在Alps为-4°C，在中亚为-6°C到-8°C。在阿拉斯加St. Elias山附近雪线年均温为10°C，在加州的塞拉内华达山为8.5°C；在安第斯山Junin附近雪线年温为-7°C；而在克里曼扎罗山（非洲）为-4°C。H.W.阿曼把Alps和挪威夏季2°C等温线当作是雪线的位置。在冰岛雪线的年温在东部及中部地方为-0.7°C，在西北部海岸则达4.3°C。在喜马拉雅山南坡雪线年平均温度为0.5°C—-1°C，而在西藏

（20×20=400）　　兰州印刷厂印制

第二节（部分残页）

内侧（冰坡）则为－4°C到－5°C。由此可见，全球雪线温度是如此地不一致，决對不能把冰川作用和雪线高低完全归结为温度的影响之所致。）

四、确定雪线的方法

确定雪线的方法有两种，即藉助仪器的直接测量法和间接法。…………（接铅印稿）

32
2.6
192
64
832

160

（拟另打此稿8页）

波波卡特別贴尔山	19°	1870	1887	70	40
伏尔狄山（厄爪多尔）	0°	1872	1906	50	14
智利安达斯山	35° S	1888	1860	700	250
阿估尔諾山（智利）	41°	1880	1865	130	90
新西兰阿尔卑斯山	45°	1885	1860	100	40

据帕·牟仁（1908）的研究，在薩伏依阿尔卑斯山1864年雪綫位于2，750m高度，而在1907年则上升了400公尺达到3，150m。在上一世紀七十年代，比利牛斯山边境山岭的北坡在由涅斯特河谷到里斯河谷十二公里的距离內曾連續地复蓋着冰雪，而到1905之前則仅在冰斗中遺留下不多的一些冰雪斑点。在烏拉尔山据云在近年来新成长了一些小的冰川，而在过去調查过該地的工作者，根本沒有在冰川記錄本中記錄着它們。由此可見，冰川的进退雪綫的升降，尤其是小冰川的生灭是很迅速的，用靜止的观点来研究冰川的生命活动是不正确的。

四　确定雪綫高度的方法

确定雪綫絕对高度的方法有两种，即藉助仪器的直接測量和間接法。很自然，短期的直接測量所得到的仅是雪綫临时的高度。为了获得气候雪綫的可靠的平均高度数据，必須在同一地点作多年反复的測量。

最好在冰川表面上直接研究雪綫，因为，在这里它的位置比較說来是最固定的。直接測量法最基本的任务是在冰川上精确地确定雪綫的位置。一年中最热月份和最热的日子是进行这項工作的最好的时間，在这时冰川都經历了較长的无雪降落而只是强烈消融的时日。当我們登上冰川的时候很容易找到一条天然的界限，它把冰川截然划分为两个不同的部分，下部是冰舌，它完全由冰組成，上部是粒雪区，它的表面复盖着深厚的新雪和粒雪（視地区的气候条件不同而不同）。从表面到冰川底部，粒雪逐渐坚实，視地区水热平衡条件不同而在不同的深度轉化为粒雪冰及冰川冰。冰川上划分这两个截然不同部分的界限就是雪綫冰舌和粒雪盆地彼此是逐渐过

~13~

第二节　（部分残页）

渡的。从完全的冰面过渡到完全的雪面中間分布着一个雪斑地带。雪斑地带从下而上首先是很稀的，逐渐数量增多並且規模加大。最后彼此联合成为单一的粒雪原。严格地說，把冰舌和粒雪区划分开来的並不是一条綫，而是一个寬濶的地带。而且，当热的年分时，这个地带向粒雪盆地推移，当冷的年分时它又向冰舌方向推移。这个过渡带在垂直高度上所占間距不大，但在水平方向上則很寬广，有时可达1—2公里，尤其是在冰川表面十分平坦坡度不大的地方更~~为明显~~是如此。为了決定当时当地冰川上雪綫的高度，必須測出純冰面和純雪面的最上和最下界限的高度，也即过渡地带上下界限的高度，两个高度的平均数就是該地冰川雪綫（粒雪綫）的高度。应該指出，这个方法得出的高度实际上只是粒雪綫的高度，还不是雪綫的高度。但~~在实踐上~~二者往往未加区别。

确定雪綫还有一种方法。使用这种方法时无須直接登上冰川，甚至也不必登山。它的条件是在山下必須有一个視野开濶的平原，从平原上能够很容易地把位于山坡的冰川和永久积雪一覽无余。其方法是在山足平原上布置一个三角形，它的一边用皮尺精确測量，用气压測高計測出一頂点的高程，以水准測量法測出其他二点高程。这样，我們就把这个三角形的空間位置完全固定下来了。然后，我們从三角形的三个頂点上以經緯仪測量出山上各个永久积雪的下限，（冰川以其冰斗出口处为标誌）采用这种交会法我們就得到无数永久积雪和冰川粒雪綫的高度，把它平均起来就是該山永久积雪的下限，也即雪綫。这种方法簡便易行，而且可以作长期观測，是一个较好的間接決定雪綫的方法。

如前所述，我們把雪綫理解为固体降水和蒸发消融量处于平衡的地带，它的高度的确定必須通过长期的定位观察。但是，可惜的是这方面的实际工作是做得很少的，值得提出的是阿尔曼（1935）曾在斯匹茨卑尔根島的克里斯特灣对［七月十四　］冰川进行的比較詳細的观測。观測結果列如下表，它显示了冰川上不同高度地方物質（降水）平衡的情况。

~14~

在海面以上550～650公尺的地方，收入与支出基本相互抵銷，因而可以認为，該地雪綫即接近650米，阿尔曼把它确定为640米。

高度間距（海拔高度m）	收入总量	支出总量
	单位：百万立方米（水）	
0～150……	3.1	13.8
150～250……	7.1	17.1
250～350……	10.7	19.8
350～450……	11.8	17.6
450～550……	12.1	15.5
550～650……	12.6	13.3
650～850……	16.5	13.5
850～1100……	4.8	2.8
	78.7	113.4

斯匹茨卑尔根［七月十四日］冰川物質平衡表

（据　阿尔曼）

从上表可見，該冰川的总收入小于总支出即处于負平衡的情况，这是冰川走向衰退的特征。

* 另外一种較簡单的測定雪綫位置的方法是在冰川上安置少数的点，求出冰川上降水和消耗的垂直递減率，这样，无需在雪綫上观測也可以决定冰川雪綫的高度。如在阿尔卑斯的龙河冰川用这种方法曾确定其雪綫在2850m。

除了上述的直接測量法之外，还有很多間接的或可說是經驗的方法，卡列斯尼克把它們归納如下：

$$\frac{h_1\cdot A_1+A_2\cdot A_2+\cdots+h_n\cdot A_n}{A_1+A_2+\cdots+A_n}=H$$

a．庫罗夫斯基法：是确定冰川面（冰舌和粒雪盆地）或为冰所复盖的山地面积的平均高度。Ⅱ．庫罗夫斯基认为，这个平均高度基本与地方雪綫的位置符合。根据这个方法求出的高度一般大于实际雪綫高度50米。

finsteraarhorn group

此后Brückner作数字論証，在芬斯特阿尔霍恩[illegible]

假設了降水(?)和消融隨高度的線性函数，降水隨高度[illegible]消融隨高度減少之一致的平衡处即[illegible]，同於一条[illegible]

第二节（部分残页）

的"地形雪线"[illegible]冰川[illegible]。 一般较精确。 未考虑后方[illegible]冰川
[illegible]K氏的[illegible]法[illegible]不精确，尤其是在冰斗中
的小冰川（悬冰川）不能这样用。[illegible] Br氏[illegible]

(Höfer)　(5000)　(800)　(4300 m)(3500 m)　3600 m　2000 m.

b．荷费尔法：（库罗夫斯基法可简单地理解为雪线高度是冰川终端和开始地方高度的平均值）荷费尔也注意到了这一点．他把雪线的高度理解为粒雪原四周山头平均高度与冰舌终端高度的算术平均值．这种方法只有当冰川的形态到处是比较均匀的（即长条形）时后，可以得到很好的结果（上段凹下部分大体等于下段凸起部分）．当山区中冰川较小（冰斗冰川）或冰川的剖面变化不大時．这种方法可以采用．其結果比前法更精确．其最重缺点是忽视了冰川的不同形态。[illegible]冰川形状不太对称。

c．巴尔奇—布留克涅尔法：其法是确定区分有冰雪复盖的山巅和无冰雪复盖的山巅的平面的高度．这法又叫做地理法（及山顶法）．它为巴尔奇、金涅尔、彭克、布留克涅尔等人所采用．运用这种方法必须求出該区无雪复盖的最高山头的平均高度和有雪复盖的最低山头的平均高度．二者的平均值即为雪線高度．此法首用于在广大地区計算雪線高度．它不考虑冰川面积类型、大小、坡向的影响．这种方法求出的雪线高度皆高于实际雪线高度．因为：很多山头之所以无雪並不是因为它低于雪線．而是因为它的坡度太陡．没有考虑到地形的影响．这是此法的极大毛病．在高度上也不能用。

为了比較上述三法．对加拿大科迪拉山的若干山地的雪綫按三法求出．比較优劣．

山　名	按各法求出的雪綫高度(m)		
	巴尔奇—布法	库　法	荷费尔法
西里克尔克山	2360	2285	2295
主　峰	2430	2300	2300
赫尔米提山	2370	2230	2230
克拉奇·拉·科顿山	2290	2210	2200

由上表可見．库罗夫斯基法及荷费尔法相去不远．唯巴尔奇—布留克涅尔法失之过高．　Brückner 依据数字论证

d．布留克涅尔法：这方法是在阿尔卑山采用的．它具有鲜明的地方色彩．它是根据阿尔卑斯型冰川（山谷冰川）的粒雪盆普遍为其冰舌面积、

~16~

[illegible]冰川[illegible]

的三倍来把冰川表面划分为二部，然后地形图上读出粒雪綫的高度的。其所以如此，因为阿尔卑斯山冰川冰舌与粒雪盆面积之比变动于1.5：1及7.5：1之間故3：1为其平均数值。很明显，这不适用于个别冰川，尤其是不同地区的个别冰川，只适用于全部山区大量冰川計算雪綫。同时其所得值也偏高。

[illegible]·赫斯法：当具有很好的大比例尺地形图时，根据冰川表面等高綫的变化来确定雪綫可得到很好的結果。粒雪区等高綫是上凸的，冰舌区等高綫是下凹的，过渡地方就是雪綫所在。

Hugi的方法，Hess用（1902）

此法也可用于野外，实际观测。在冰舌区表面是凸起的，粒雪盆是下凹的，过渡地方即雪綫。

有人比較了赫斯法，布留克涅尔法及庫罗夫斯基法，得出結果是前二法相去不远，庫罗夫斯基法得出高度过大，一般大于前二法結果100米。

5·霍依得法：美国冰川学家霍依得 提出一个簡单的方法，即求出冰川上边緣裂隙的高度和表碛首次出现的高度，二者的平均高度大致与該冰川雪綫符合。这种方法是十分簡便的，它既可在室内用，也可在野外用，都能获得精确的結果。

第二节（部分残页）

No: 4

第三節 現代世界雪線位置及冰川分布

一、雪線位置

卓越的自然地理学家A.V.洪堡德於1820年曾第一次总结了关於世界雪线分布的资料，指出雪线和气候的密切关係。自那以后又搜集了不知道多少倍的实际资料，V.帕辛格尔(1912)对这些资料作了再次的总结。可惜的是，老的资料的可靠性不足，也很少提到他们用以确定雪线的方法。尤其是雪线的季节性和年度变化过去一般是忽略的。雪线的季节变化虽然早在1821年即已为Venetz所指出，但只有在二十世纪才开始被注意，认真加以考察。因而许多老资料的可靠性是可以怀疑的。阿尔卑斯山的雪线是研究得最早因而也是最清楚的地区。Alps山雪線最高的在是Gran paradiso (3350 m)向西快速降低到Mont Blanc峰则为2800 m alt，向北则降低得较慢，在Monte Rosa为3,200 m alt，少女、黑鹰诸峰均为2700 m alt，係[illegible]山2600 m，在Säntis为2504 m alt。挪威的雪線也研究得较好（阿尔曼），它变动在800—1800 m alt之间。比利牛斯山西部雪线为2500 m alt，东部为3000 m alt。东Alps及喀尔巴阡山冰川缩小为冰斗冰川及悬冰川，雪线升高。许多欧洲小冰川是地形影响

43

造成的围积冰川。北大西洋沿岸山地由于气候的海洋性，一般雪线（气候雪线）比地形雪线至少高450m。高加索雪线在南坡西部变至海拔约为2,700 m Alt，向東增至3,250m，最东部达3,700 m Alt，而在北坡雪线高出南坡约300－400 m。小亚细亚的雪线分布状况似一同心椭圆，外围约2,400 m Alt，向中心升高至阿达那以北的阿拉达格山达到最高为3900 m Alt。中天山（40－46°N）雪线为3450－4,000 m Alt，其南为4,200 m Alt，北为3,800 m Alt；西天山雪线为3,500－3,900 m Alt；东天山北坡为3652 m Alt，南坡为3937 m Alt。（这种数字有错误，东天山雪线在北坡以博格多及乌鲁木齐上游为例也达3800－3900 m Alt）。在阿尔泰山雪线为2,000－4,000 m。喜马拉雅山东段为4,270 m Alt，西段为5,800 m Alt，在北坡（面向西藏）则一般高出约915 m。在喀拉昆仑山及喜马拉雅山西部雪线变化在4,270 m Alt－6,250 m Alt。帕米尔西部雪线4,000 m Alt，东部升到5,200 m Alt。昆仑山雪线为6,000 m Alt左右。日本的雪线略高于最高山顶。

赤道非洲鲁文佐利山雪线4500 m Alt，乞力马扎罗山5800 m

19×20=380　　44

一般在热带山峰，西坡雪线大大低于东坡。

北极地区比较复杂，那里的寒流、暖流、冻土、浮冰有重大影响，因而雪线不很齐一。除格林兰个别地方外，北极雪线到处位于海面以上。在挪威海沿岸，雪线以阶梯状绕围陆地。在北纬62度处，由挪威海岸向内地雪线由1,200 m Alt升到2,200 m Alt（见H.W.阿尔曼雪线分布图）。在冰岛雪线变化在400–1,600 m Alt之间。斯匹次卑尔根群岛雪线为300、600或1,000 m Alt，向东至东北地岛迅速降为150 m Alt左右，在白（White）岛约100 m Alt，在维多利亚岛更低，到北地岛则只为70 m。在扬·迈恩岛为700 m Alt，新地岛为450–590 m Alt，佛兰西约瑟夫岛为100–120 m Alt。

格林兰的雪线还不很确实，其堆积区占全冰盖的83.5–84%。了解较好的是西部，在69°N处为700–800 m Alt，在Nûgssuaq半岛为860 m Alt，但在66°N到78°N之间一般为1,400 m Alt左右。格林兰雪线南部为700–900 m Alt，而在约克角为300–350 m Alt。在peary land的北岸，气候虽大陆性（一月平均温度为–32°C，七月平均温为6°C，而年降水只114 mm），雪线应

19×20=380　第45页

1,250 m Alt，而在其东岸为900—2,200 m Alt，甚至达1,500—2000 m Alt。格林兰冰盖的中心雪线迅速上升达1500 m Alt左右，而在岸上不过500—800 m而已。

北美雪线一般向北降低，在高塞拉山约为3700 m，而到阿拉斯加的St. Elias山则降到610 m左右，但在阿留申山脉再次上升达2,440—3,050 m Alt。在北部厄尔斯米尔岛为1,036 m Alt，在巴芬岛为1,555 m Alt。

南美洲的雪线G.施瓦茨(1891)曾作过一个剖面，直达~~墨西哥~~中美。其数值如下：

纬度	雪线高度
10°N	4,700 m Alt
10°S	4,900 m Alt
16°-21°S	6,000 m Alt (W.)
	5,400 m Alt (E)
24°S	6,200 m Alt
30°-32°S	3,500 m Alt
34°S	3,550 m Alt
36°S	2,600 m Alt
41°S	1,560—1,700 m Alt
43°S	1,400 m Alt
53°S	1,100 m Alt
54°S	950 m Alt

[illegible] 25 mi. 7014 m.

伊利安尼山

的的喀喀湖区

(玻利维亚秘鲁与智利交界的安第斯山)

此中最高雪线位于16°—18°S，在47°S为1,000 m Alt，在南美最南端为500 m Alt。在38°S较大的冰川由

19×20=380　第46页

安達斯山的东侧移到西坡。澳大利亚主峰库斯丘斯科山高不过2234 m alt.

澳大利亚大陸上沒有一個山地達到雪線以上。

南极洲雪線位於海面线在海面以下，并且分布在海岸之外。在罗斯冰障及玛利皇后地、格拉哈姆地及其他大陸边缘地区，降雪量超过風力吹刮蒸发及融化所造成的损耗，因而冰蓋全是积累区，處於消融带；風吹雪及冰崩（造成冰山）保持着冰川的平衡。南极洲的地形雪線和北极一樣是處於气候雪線的，也即處於海面。在Gaussberg、adare角附近，格拉哈姆地区及西部南极洲，由於風吹雪、地形、岩石性質等因素不利於雪的積累，雪線都處於海面。降雨只有在格拉哈姆地见到，因为这边过於向北突出。

南极区和北极区的对比是很明顯的。在巴塔哥尼亚及新西蘭冰川發育大強於北半球的相應緯度地区。在赫尔德岛（53°S），南乔治亚岛（54°S）及波维特岛（54°26'S）冰川达到海面，而北半球则相当於英格兰的南部。在南緯61—62°S雪線即降臨海面，而在北半球要到81—82°N（苏赤皇斯金岛）其雪線才下達海面。南极地区處於雪線的面积達2100萬km²，而在北极

19×20=380 第47页

59.9.50，000×100（甘兰F 9187）

地区雪线的面积仅为80万km²。南半球冰川面积达1300万km²，冰量为2,218 km³，而北半球则只有210万km²的冰川面积和270万km³冰。（冰量估计偏小。）南极诸岛雪线有时在海面，但一般很多仍在海面以上。如南乔治亚岛300–850m，克尔格林岛600m，波塞辛岛700–800m，Tierra del Fuego，1050m，克罗兹特岛1,000m，波维特岛仅为200m。

总结世界雪线的分布情况，可以看出它们遵从着三个基本规律。第一，雪线从热带向两极高度减低。南半球减低比北半球快。但在亚热带却升得最高。而在最大降水带下降得最急剧。这种雪线分布规律既显示了温度的影响也显示了降水的影响。第二，在中纬和纬度较高地区雪线向东上升，到大陆内部升得最高。在低纬地区则向西徐徐上升。前者是西风带的降水分配到大陆内部愈来愈少，更加干燥的结果。后者是信风的影响。欧亚大陆雪线这种东升的趋势最明显。Alps，2600–3250m以上，高加索2700–3900m以上，彼得一世峰及外阿赖山为4100–5000m以上，帕米尔东部达5200m。第三，雪线在大山体及高原上作穹形上升。

48

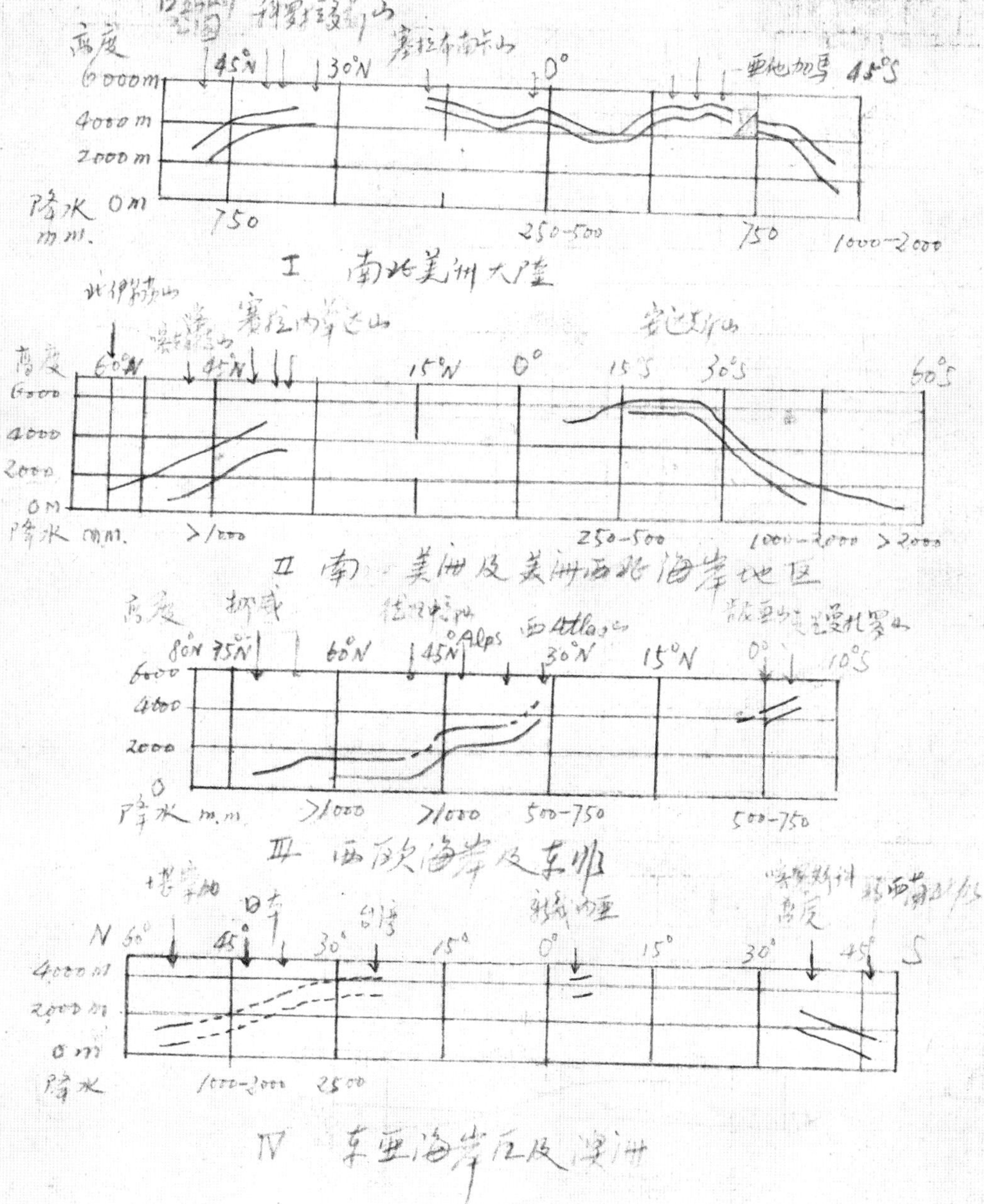

古今雪线分布剖面图（据 Klute, 1921）

上线为现代雪线 下线为冰期雪线（根据冰斗底部高度确定）

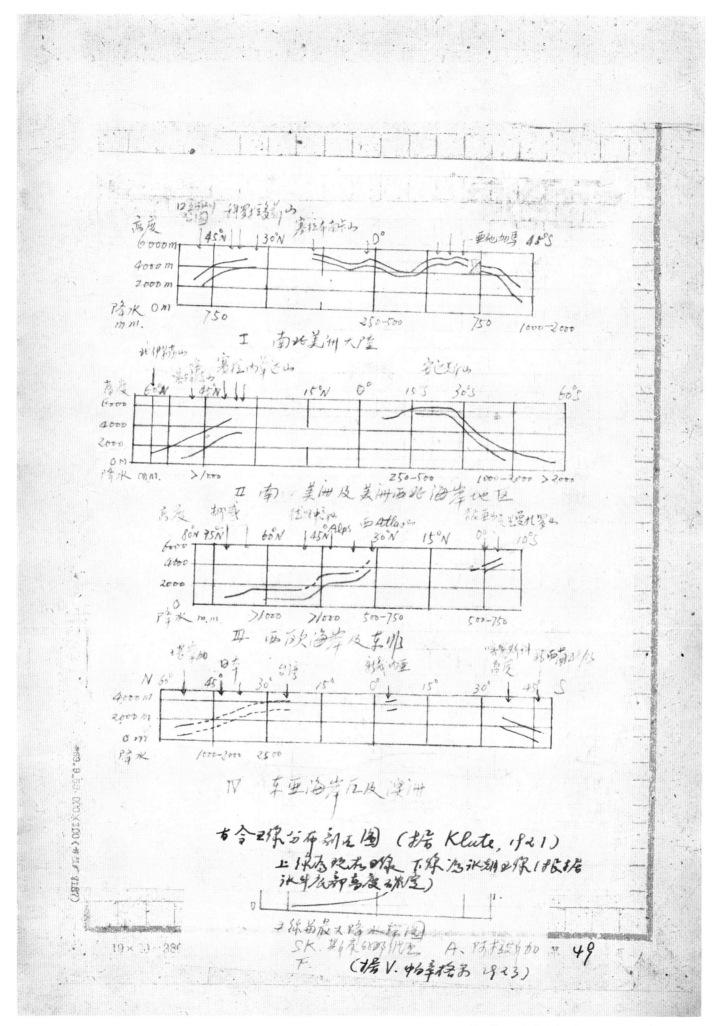

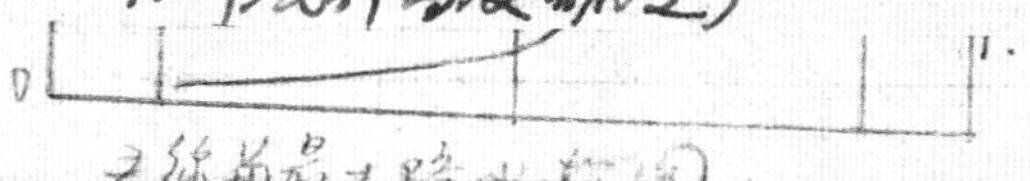

雪线与最大降水带图

SK. 斯堪的纳维亚　A、阿拉斯加

F.

（据 V. 帕辛格尔 1923）

49

二、世界冰川的分布

关于现代冰川的地理分布的确切的资料是很不完善的，主要是很多地方欠缺实际考察。

最有利于冰川发育的条件是海洋性气候（多降水、夏季凉爽）、低温（纬度高）、地形高起。最不利于冰川发育的地方是干燥（大陆性气候）、地势平坦。因此，世界上凡是海岸地區，地形高起達到或接近雪線时，冰川总是很发育的。阿拉斯加海岸，巴塔哥尼亚与斯堪的那维亚半岛，就是这种有利地區。南极冰川主要靠低温及反射辐射来保存的，但它的发生按 Flint 的意见，主要还是南极是块高大陆。如果南极洲是位于向北推进 40° 纬度的位置（即达新西兰及澳洲南岸位置）现代冰川也会照样发育得那样强盛的。西伯利亚及加拿大高原冰川不发育（另外地方如此），照马东和 O. 康肯他的意见就是由于干燥及地势太平的缘故。中亚是最干燥的地方，冰川是靠地势极高来维持低温而发育和保存的。

现代冰川的分布按 R. F. Flint（1957）的统计如下：（国际地球物理年考察已带来重要的变化）

50

地区	面积（Km^2）
北极地区	
格林兰冰盖	1,726,400
格林兰岛其他冰川	76,200
巴芬岛及布罗提岛	46,200
伊丽莎白皇后岛	106,988
冰岛及扬迈因岛	12,600
斯匹茨卑尔根及东北岛	58,000
弗朗兹·约瑟夫岛、新地岛及北地岛	54,000
总计	2,080,388 Km^2
北美洲	
阿拉斯加	51,476
育空及麦更些地区	12,060
阿尔伯特及英属哥伦比亚省	12,820
美国	650
墨西哥	3
总计	77,009 Km^2
南美洲 总计	25,000 Km^2
欧洲	
斯堪的那维亚	5,000
阿尔卑斯山	3,600
比利牛斯山	33
高加索山	1,970
乌拉尔山	10
总计	10,613 Km^2

51

亚洲	面积 (KM²)	
土耳其和伊朗	100	
阿赖山,天山及相邻地区	16,500	
帕米尔	11,000	
昆仑山及南山	16,700	
西藏内部包括阿格尔山	9,100	
兴都库什及兴都拉吉山	6,200	
喀拉昆仑山及Ghujerab-Khunjerab山	16,000	
拉达克山,德赛山,扎斯卡,罗布安山	1,700	
外喜马拉雅山	4,000	
喜马拉雅山	33,200	
萨尔温江西南山地	7,500	
东昆仑山以南山地	1,400	
阿尔泰山,萨扬岭	1,200	
亚洲东北部	583	
总计	125,083	Km²
非洲 总计	30	Km²
太平洋地区		
新几内亚	15	
新西兰	1,000	
总计	1,015	Km²
南极地区		
南极冰盖	12,600,000	
南极洲其他冰川	50,000	
附南极地岛屿	3,000	
总计	12,653,000	Km²
全球冰川总计	14,972,138	Km²

19×20=380　　第52页

以上是我们见到的关于现代冰川的面积统计之一。其所采用的数据很多是1951年左右的（如中亚），许多是当时尚未发表的，但有一些数据仍是差得很大的。单以Alps的估计就很不一致。Idess的估计（1904）是3800 Km^2，Klebelsberg（1948）的估计是3600 Km^2（Flint采用），阿尔曼（1924）的数据是4,140 Km^2（卡列斯尼克1939，及查理士屋斯1957采用）1954年出版的德文二十世纪地理百科全书则为5,000 Km^2。关于昆仑山及祁连山的冰川面积，Flint根据的是H. von. Wissmann（1956）所发表的数据，总面积为16,700 Km^2，看来是失之过大的。格林兰的冰盖面积采用的是保尔（Bauer，1954）的最新数据，可以相信。南极洲的冰川面积Flint采用的是保尔（1954）的12,600,000 Km^2，看来可能失之过小。二十世纪地理百科全书（1954）的南极冰盖为13,000,000 Km^2。卡列斯尼克（1955）的新数据为14,100,000 Km^2。（1939他所采用的是13,500,000 Km^2）。按马尔科夫（1957）引用的柯扎克（1950）的资料，南极大陆面积为13,101,154 Km^2，加上岛屿面积为13,176,427 Km^2，再加上陆棚冰川为14,107,637 Km^2。按马尔科夫的估计，南极陆地与冰架等面积不会超过

53

总面积的1/8。这是可信的。

总之，关于现代世界冰川的面积，我们的知识还是比较粗糙的不精确的，有待于今后的进一步考查。关于中国的冰川我们目前也得不出十分确切的答案。祁连山冰川大约为1300 km²，这是比较有把握的。中国天山冰川及帕米尔(?)面积(1960)为4970 km²，也可能还有问题。

本章参考文献

1. Основы структурного ледоведения
   П. А. Шумский 1955
2. Общая гляциология
   С. В. Калесник 1939
3. glacial and pleistocene geology
   R. F. Flint 1957
4. The Quaternary Era (I)
   J. K. Charlesworth 1957
5. Вопросы снеговых линий
   С. В. Калесник. 刘大宇根 地质地理丛刊
   1961. No. 12

59.9.50·000×100(北京广V187)

19×20=380

第三节 现代世界雪线位置及冰川分布

李吉均手稿
Manuscripts of Jijun Li

冰 川 学 讲 稿
Lecture Notes on Glaciology

第二章 冰的基本物理性质

冰组矿物

天然冰

结晶冰

冰的结晶特性

晶格

结晶常数

饱和水汽压

热力学函数

结晶格架

冰的强度

透明度

折射率

冰晶体的生长

自发结晶

非自发结晶

NO:5

第二章 冰的基本物理性质

第一节 冰的矿物学和结晶学

一、冰的矿物学（作为矿物的冰）

冰包括一切固态的结晶质和非结晶质的水，这意味着一個许多矿物的组合，而狭義的冰专指排除了空氣结晶的冰，以和霜雪等区别。

天然水常含有重氢（氘）即氢的重同位素 H^2 或 D，但根据采集中平均 $1H^2 : 6500H^1$。重水重冰与普通的水和冰是不同的，重水（D_2O）比重为 1.11克/厘米³，结冰温度为 +3.8°C，水汽压力也低于 H_2O。在正常浓度下重水对天然水的化学性质的影响可以忽略不计。氧的重同位素 O^{18} 对水化学性质的影响更小，H_2O^{18} 的冻结温度为 0.1°±0.05°C。至于 H^3（氚）及 O^{17} 对水的影响现在还不清楚。根据 P.B. 特伊斯（1940）的研究，固体水一般比液态水富于氘而氧同位素贫乏。

从化学组成上来说，天然冰（普通水的固态）中不能分出不同的矿物来。冰中包含的各种盐类、空氣等均以包裹体的形式出现，是冰矿中的杂质，不能组成类质同象的固体溶液，因而冰属于单矿种。

从冰的结构上来说，情况就比较複杂了。首先分

59.9.50,000×100（…）

19×20=380　　第 1 页

第一节 冰的矿物学和结晶学

出无结构的"冰玻璃"和有结构的结晶冰。而在结晶冰中又存在八种同质多象体的冰的变种。

又如 SiO_2 α 573 β 573 鳞 870 白硅石 1470

不过在自然界中冰玻璃是不存在的，只有水汽在-120℃以下发生冻结时才会出现无结构的玻璃质的冰。其形态是不稳定的，加热到-70℃就结晶化成有结构的冰。天然界中过冷水的冻结为冰雨，冰雹，雨淞等表面上看来无结构实际上还是结晶质的。即是说，在目前的地球表面，非晶质的冰只能人工造成，自然界是没有的。

结晶冰的八种同质多象变种彼此晶格不同，物理性质不同，在相图上各占一稳定区域。其中普通冰（冰Ⅰ）在地表正常条件下广泛存在，另一种在温度低于-70℃时存在。其他六种在压力为2000—50,000个大气压力时存在，分别称之为"低温冰"和"高压冰"。

"低温冰"是在真空中-80℃左右通过水汽冻结结晶而成（1944）其构造与金刚石相似（等轴晶系）。氧原子的间距与普通冰在同样温度时的间距是一样的，即2.76Å（埃）。加热过-70℃时即成普通冰。

$Å = 10^{-8}$ cm

温度

"高压冰"大多不能直接观察，只能通过压力试验及温度测定等间接得知其在不同压力下各种高压冰的转化情况。

19×20=380 第 2 页

~~冰Ⅳ在0.16℃ 冰Ⅵ在+81.6℃之下存在~~

值得注意的是冰Ⅶ可在+100℃时存在，可称之为"热冰"。一般高压冰均比水在同样压力下的密度为大，这一点是和一般矿物的性质是一致的，普通冰反倒是例外了。这是由于~~高压~~冰在同质多象转变中有滞后现象（如冰Ⅰ可在3,000公斤/cm²时不变为高压冰，这是由于缺乏高压冰的引晶触媒的缘故）故可在低温下，使冰Ⅱ和冰Ⅲ保存一段时期作肉眼观察。

构造

高压冰的X光片太复杂，不能全部确定译读，根据麦克法兰的结论，冰Ⅱ及冰Ⅲ的构造是冰Ⅰ被破坏后的更紧密的结构。冰Ⅶ的密度之所以达到1.67克/cm³的程度（压力为48,400大气压，温度为20℃时~~存在~~[illegible]）是由于其构造接近最紧密的球体（原子）堆积的构造。

根据九种冰的温度特性及压力特性，在地表一般只存在普通冰，低温冰也能在对流层上层出现。其他高压冰在地表不能形成，据计算要得到冰Ⅲ必须冰Ⅰ厚达22,680米才行（比大陆冰川厚十倍），另外由于冰Ⅰ向冰Ⅲ转化的滞后现象，大气压力要到2,500个才行，即冰Ⅰ要厚22.5公里。这在最大冰期也不可能达到。至于在地下，温度的增加比高压"热冰"可能存在的温度

3

13×…=380

快三倍，故不能等地散冰在很深的地下形成高压冰。在成高压冰之前很早就成冰了。

苏姆斯基以为吸附水中压力很大（分子引力引起）达几千至几万大气压力，因而吸附水可能是高压冰存在的一种形式。据更新的资料说吸附水并非高压冰。

二、冰的结晶特性。

普通冰的结构还未最后解决，X光摄影只能决定氧原子在冰的晶格中的位置，氢原子的位置在−70°C以上都是在不断变化的，因此即使用最敏感的装置也只能得到由氧原子所控制的冰的晶格的平均结构。

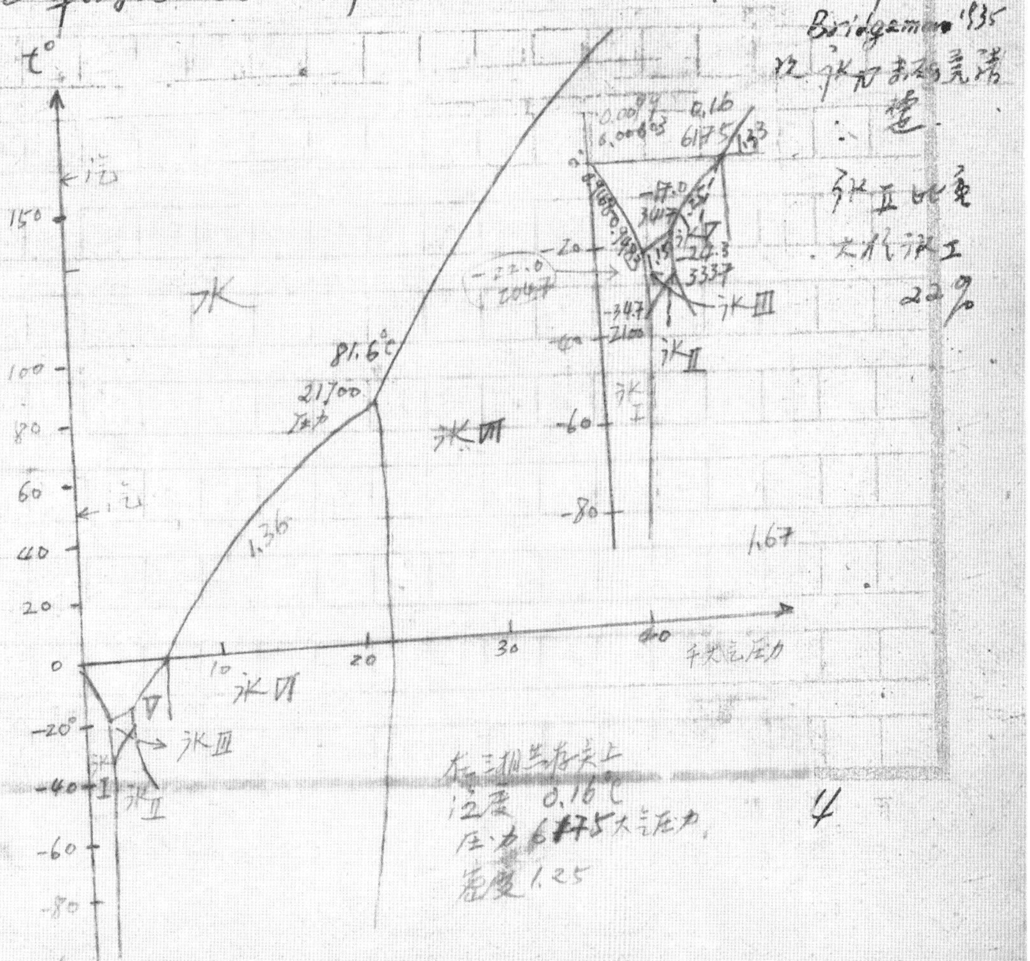

H_2O 相图

冰的平均结构的~~原始~~晶胞（基本单位）由四个氧原子组成，如下图所示。六个顶角原子为六个晶胞共有，晶棱上的三个原子为三个晶胞共有，两个位于轴极位置的原子为两个晶胞共有，中央原子则是该晶胞所独有的。这样，晶胞中原子总数为

$$\frac{6}{6}+\frac{3}{3}+\frac{2}{2}+1=4.$$

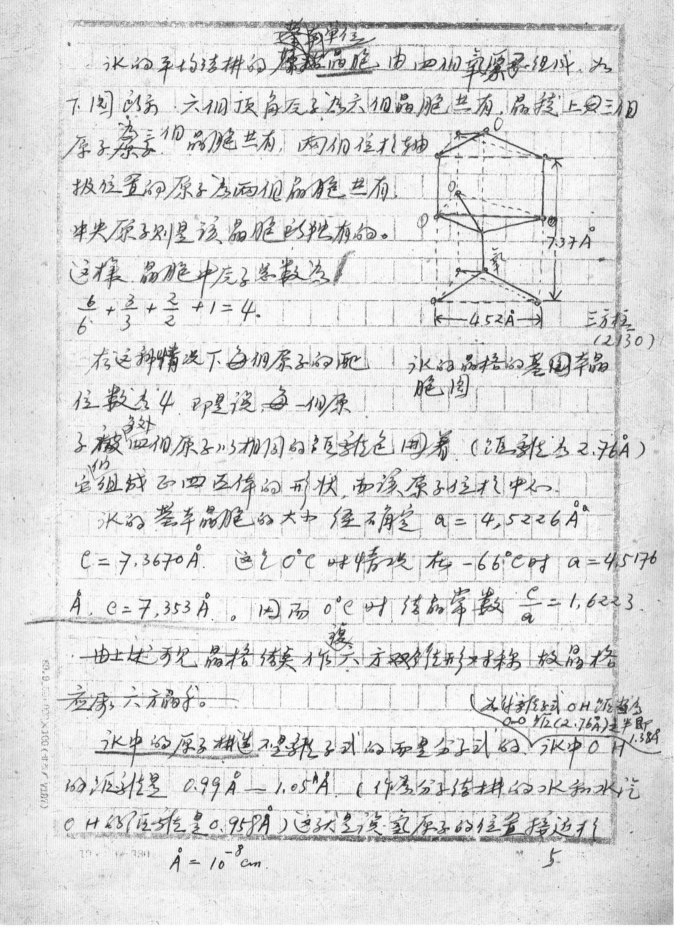

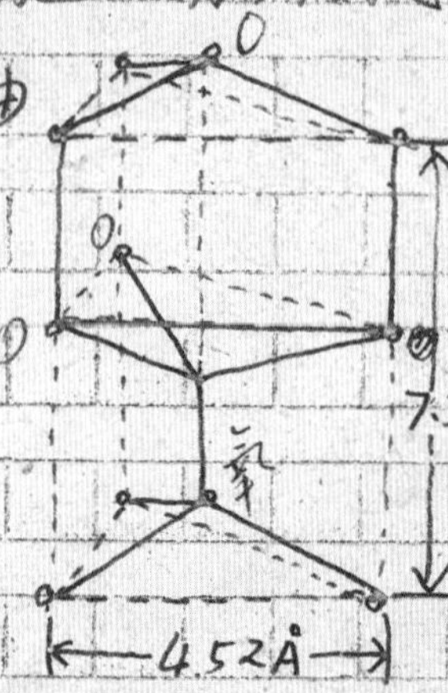

冰的晶格的基本晶胞图

在这种情况下每个原子的配位数为4，即是说每一个原子被四个原子以相同的距离包围着（距离为2.76Å），它们组成正四面体的形状，而该原子位于中心。

冰的基本晶胞的大小经确定 $a = 4.5226$ Å，$c = 7.3670$ Å，这是0°C时情况。在 −66°C时 $a = 4.5176$ Å，$c = 7.353$ Å。因而0°C时结晶常数 $\frac{c}{a} = 1.6223$.

~~由上述可见，晶格结构作复六方双锥形对称，故晶格应属六方晶系。~~

冰中的原子构造不是离子式的而是分子式的。冰中O H的距离是0.99Å—1.05Å（作为分子结构的水和水汽O H的距离是0.958Å）这就是说氢原子的位置接近于

（为什么离子式OH距离当为O-O距离（2.76Å）之半即1.38Å）

$Å = 10^{-8}$ cm.

5

氧原子之一，而不是第三种。冰是多水分子构造。（见表）

（位于两个氧原子之间，（或说二O原子间只有一个H原子）

氢原子在冰晶中的位置是可变的（另一方面可由分子的转动引起，另一方面也可由于氢~~的位置变化在~~ 0.99Å处〔跳到另一分子中的一位置移动〕0.78Å引起）。分子定向的自由变化〔分子外在冰中经常发生极化的那极化的变化〕可以解释冰的很大的介电性（在-73°C〔以上〕时和水差不多）~~因容易极化~~。温度很低时，~~氧原子~~〔水分子〕固定在可能位置之一，但都不会造成分子的定向排列。

〔冰中质子和[illegible]子的活动性〕

冰中质子的〔热力〕振动~~尤其氢的振动~~很大，在-73°C尚可见〔仅在很低温时消失〕，在0°C时振动幅度达0.5Å（平均）就能达此。但天然冰的晶体仍是很完全的，它们成球晶。只有在存在着外部晶体生长时的外界干扰时才发生混乱构造。

〔沿主轴发生振动最大〕

〔劳埃法表明爆光可见保存此种振动方向〕

从16-17〔十八世纪〕世纪以来人们就认为冰是六方晶系，但完整的冰晶难找到，另一方面保存和测量冰晶都不容易，故对冰晶进行完善的角度测定的工作到现在做得很差。一般气象学家只能记述了上千种雪花但缺乏晶体的研究。

六方晶体也可由两个三方晶体同时发展的结果，而因是冰到底是六方晶系还是三方晶系颇有争论。现在确定冰是复三方锥形体（单锥）（$L^3 3P$）向两生长的正六角形体是两个近似而同等发展的三角形晶体联合成的。但三角（菱柱及锥体）

19×20=380

L^3 一个三次对称轴

3P 三个对称面

形晶体为簇状等（尤其在初生时是如此）因而多成不规则的六角形。但三角形体是如何形成的，单独晶体从来未见到。

冰晶的基本类型是柱状和片状。它们由单式、复式的构件等构成。

在冰晶中原子沿有一个方向分布最密，而垂直于此方向的方向则最稀，此最密方向称为垂直线即主轴。

第二节 普通冰的一般物理特性

一、热学性质

在分布很广的各种物质中，冰是仅次于大气元件的融点和升华温度最低的物质。在一个标准大气压下，当纯冰和饱和空气的水接触时融化温度为0°C或273.16°K。此时大气压力的直接影响使融化温度下降了0.0075°C，而溶解于水的空气的影响使之降低了0.0024°C，因此，冰、水和水汽处于平衡的三相点时，温度为+0.0099°C。在此点上压力不会为零，而应等于该温度下水汽的压力即0.00603大气压力或4.58 mm水银柱的压力。（在此压力下融点温度下降0.00045°C了。）这种多相体系的平衡态的，即是在相互转化于彼此相等相互抵偿的情况下达到的。即由一种物态变为另一物态或原子振动

三相点

溶液降低冰点

19×20=380

第二节 普通冰的一般物理特性

的能量而定，故低温时饱和水汽压力减小，在-70°C时为0.002 mm水银柱，而在-110°C时为0.000001 mm水银柱。同时，当温度相同时，冰的饱和水汽压小于过冷水的饱和水汽压，在-12至-13°C时绝对值差（左边较大）0.2 mm水银柱，温度再降低绝对差值减小，但相对差值均匀地增加。在-10°C时对冰呈饱和的水汽压对水的不饱和度（$\frac{e_B-e_A}{e_B}$）为9%，而在-40°C时则达33%。在这种情况下，如果发生由过冷水（水汽压差相对梯度增加）蒸发水汽将向冰的物体转移。（同温）过冷水……（同温时）

压力对融点的影响

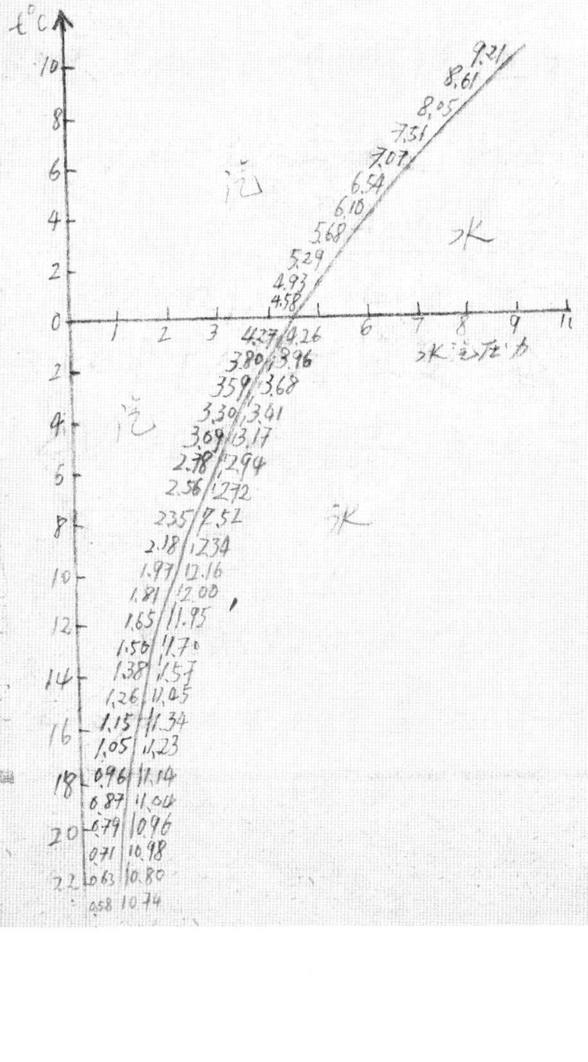

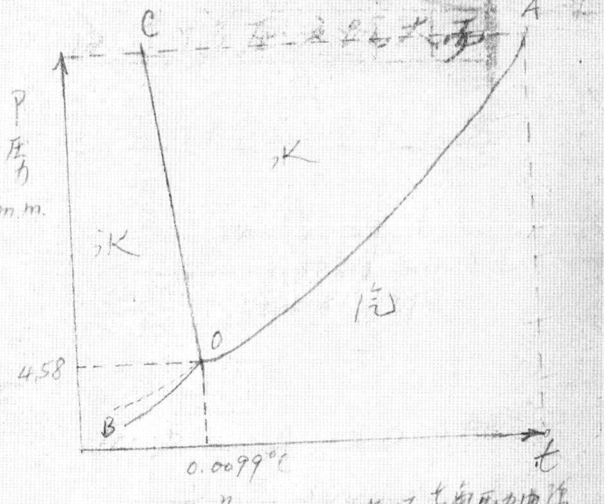

三相点　OA　水汽蒸气压力曲线
　　　　OB　冰

~~4.大气压~~

一般定的压力，在

8

冰的融点在全压压力下融点降低与融解时体积缩小有关，在冰的相图上可见，这也是冰Ⅰ的特性。

融化时体积缩小的

因此，水冻结的胀力在封闭的空间中（盒子）在低于 -22°C 时，不会超过 2500 个大气压力。因为在此压力下会发生向冰Ⅲ的转化，并发生体积的缩小。

冰对容器压的极限

$$dH = dQ_p = (U_2 + pV_2) - (U_1 + pV_1)$$

$$dH_p = C_p \cdot dT$$

热容量与导热性

在压力恒定时，冰的热容量 C_p 和温度 t(°C) 的关系如下：

$$C_p = \frac{dQ_p}{dT} = \frac{dH_p}{dT} = \left(\frac{dH}{dT}\right)_p$$ （定压比热）

$$C_p = 0.5057 + 0.001863t \text{ 卡/克·°C}$$

在一个大气压力下冰和水的热容量对温度的依赖关系如下图所示。

随温度增加

冰的导热性与温度 t 的关系按下式计算如下：

$$K = 0.0053(1 + 0.0015t) \text{ 卡/cm}^2\text{·秒·°C}$$

顺主晶轴[0001]导热性（$K_{\parallel}$）稍大于垂直主晶轴方向的导热性 $K_{\parallel} : K_{\perp} = 21.9 : 21$

关于冰的内能，我们知道其绝对值和其他物体一样是不可测的。能够测出的只是物体由一状态变为另一状态时内能的变化，按绝对温度计算，固体和

19×20=380　　第 9 页

第二节　普通冰的一般物理特性

液体的内能 U_0（自 0°K 算起）由于它们在压力恒定时的热容量和体积恒定时的热容量之间的差别很小可忽略不计，故 U_0 实际上等于含热量（或焓），亦即把物体变为该种状态必须消耗的热量，它等于下述积分：

$$\chi_0 = \int_0^T C_p\,dT$$

$C_p = \frac{dQ_p}{dT}$

$\chi = U + pV$

$d\chi = dU_V + p\,dV$　等容过程 $dV = 0$，故 $d\chi = dU_V = Q_V$

因而，冰和水在一个大气压时热容量和内能是相等的，因为，在加热和膨胀时用于克服外压力的功是很微不足道的。

在下图上表示了冰和水的含热量在一个大气压力下于 0—300°K 间的变化。在 0°C 时冰的热含量达于 72 卡/克，而水在此时的热含量则为 152 卡/克。此中 80 卡/克（更精确是 79.69 卡/克）的差别乃是融化潜热 L。它用于破坏冰的结晶格子构造和增大氧原子的间距由 2.76Å 增加到 3.0Å。因而，自 0°K 起测量水在一个大气压力下 0°C 时的内能超过冰在同样条件下的内能两倍以上。水汽的含热量在同样条件下则为 767 卡/克，比水大五倍，比冰大 16.5 倍。

相变潜热　冰在发生相变时，变为水融化潜热如以前计

第 10 页

为80卡/克. 在0°C时水蒸发的蒸发潜热为597卡/克。按能量守恒律, 冰(在0°C)升华的潜热应等于融化潜热和蒸发潜热之和, 即677卡/克, 即比融化潜热大8.5倍(在负温时每增加负温一度过冷水的蒸发潜热增加0.08537卡/克)。但实验证明只有在快速升华时接近上数, 在慢速升华时升华热只大于蒸发热的1.6%。此中是由于快升华中水汽是呈聚合态出现的, 复合子进一步崩解仍要吸收热量以补不足, 不过以后的过程是在大气中进行而已。(冰川上新生水汽)

冰川蒸发在热平衡中的意义

热力学函数状态

熵(内能)的自由能

在下图中还表示了冰和水从0°K测定的熵S_0。它在可逆绝热过程中保持不变, 而在不可逆过程中增加的特征函数。

$$U = \psi + G \qquad G = TS$$

$$dS = \frac{dQ}{T}$$

$$S_0 = \int_0^T \frac{dQ}{T}$$

此中Q为在任一可逆过程中由0°K至T°K时由外界传导给物体(使物体温度)的热量。

用熵S_0可以说明物体的内能有多少是"束缚"的或"结合内部"的, 它们不能转化为功。

束缚能等于TS. 其余的内能$\psi = U - TS$, 或者是冰和水的$\psi = U - TS$, 这就是自由能, 即在等温过程

第二节　普通冰的一般物理特性

中由外部对体系所作的功。

图中$-\psi_0$的值代表水或冰的内能的缺少的那一部分，在可逆等温过程中这部分内能可以转化为功。冰和水的自由能在0°C时是相等的，但对冰来说自由能占去了全部内能的92%，而对水来说仅占内能的44%，因为融化热是由[illegible]

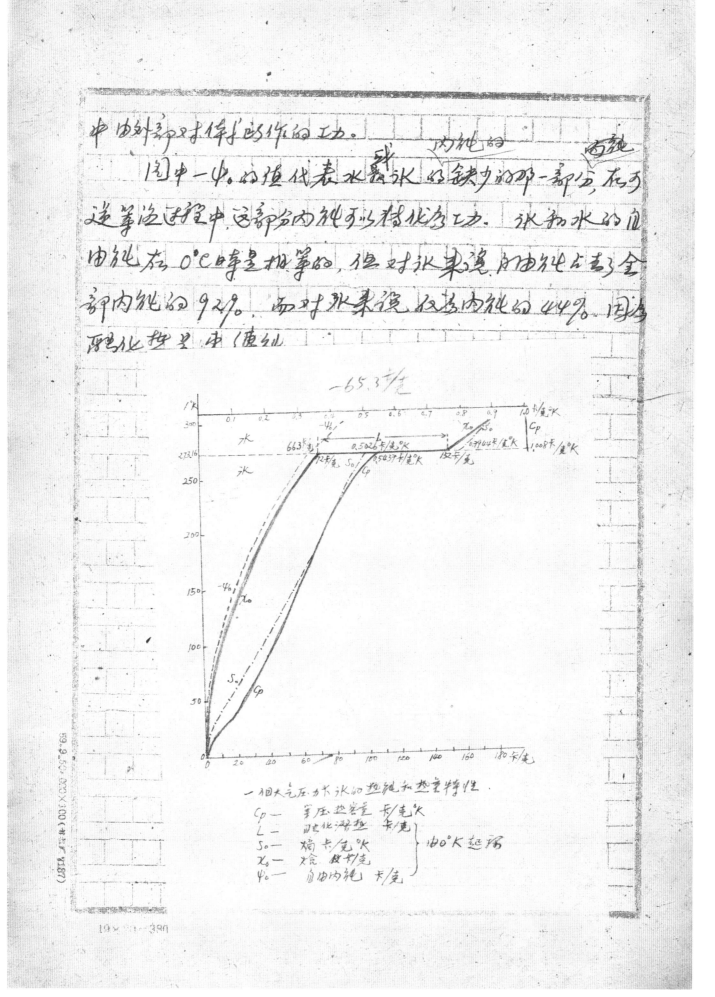

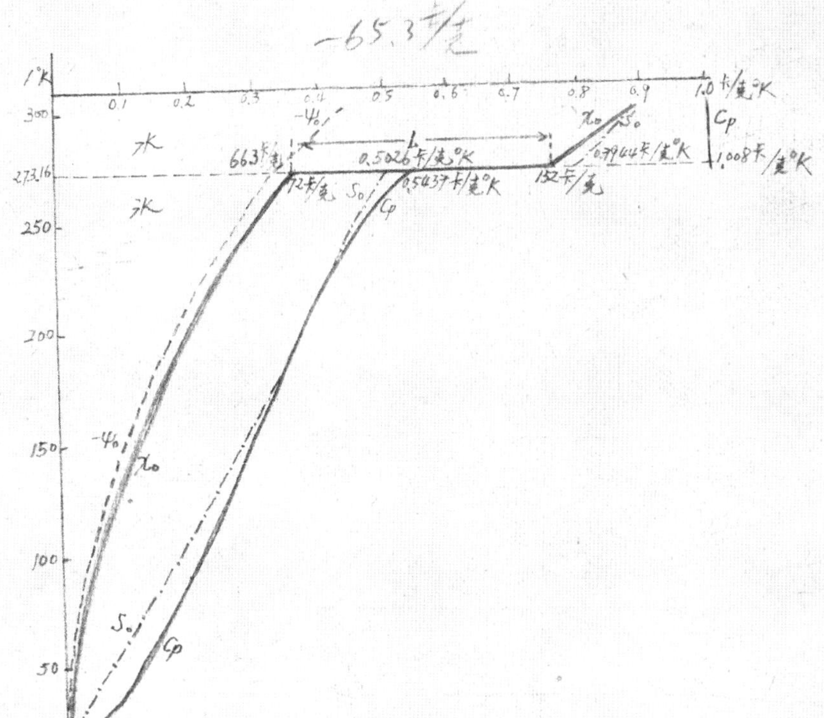

一个大气压力下冰的热能和热量特性

C_p— 等压热容量 卡/克°K

L— 融化潜热 卡/克

S_0— 熵 卡/克°K

χ_0— 焓 卡/克

ψ_0— 自由内能 卡/克

（L、S_0、χ_0、ψ_0：由0°K起算）

二、力学性质

（比重和比容） 纯冰在0℃（一大气压）时比重为0.9168克/cm³，比容为1.0908 cm³/克。水在同样条件下的比重是0.999863克/cm³，比容为1.000132 cm³/克。任何比此数或高或低的情况都只能是含有杂质的结果。

冰融解时大量吸收热量（比热）用于增加原子间的距离，使冰的晶架解体。实际上水的氧原子的平均距离也是为3.0Å，比冰中氧原子距离大（2.76Å）。这是和水的密度大于冰的情况看来是相矛盾的。此中主要的是由于水和冰都具有高度的构造性，分子作四面体分布。在水中微弱的氢键经常破坏又重造，使会减少因而其原子配位数平均大于四，约为4.5。这就是水比冰重的原因。

冰的力学性质取决于其氢键的数目及其结晶格架的几何性质。和其他晶体一样，冰在定向压力下可作弹性、塑性或脆性变形。究竟作何种变形取决于应力的种类和数量大小，应力增长的速度、温度，以及在较小的程度上还取决于冰过去的变形。这些因素的作用在于促进弹性和脆性的表现（除塑性外）或者相反缩小弹性脆性而扩大塑性变形的区间范围。

13

[硬度]

在自然界中冰总是十分接近於融点的，就像金属处於热处理条件下一样。而其他的物质要达到这种状态必须处於地壳的深处才行。正长石的熔点温度为1170—1200°C，它在地表所处的条件就像冰在−220°C的情况一样。温度愈低则冰的结晶格架中质子的重新配置就愈加困难，因而晶格就愈牢固，冰的脆性和弹性就表现得愈强。相反，在高温时，冰的可塑性增加。冰的脆性强度（硬度）在近於0°C时等於莫氏硬度表的1.5。

−15° ……	2—3
−30° ……	3—4
−40° ……	4
−78.5° ……	6（相当於正长石的硬度）

[弹性极限]

当然，其绝对硬度也随温度的~~增加~~减低而增加。在0°C时，当压力不变，冰的弹性极限（Elastic limit）表现得很不明显。~~在抗剪力时不超过0.1公斤/cm²~~。但在低温时弹性变形部分大增。在0°C时可以把冰近似地当作可塑体，其弹性极限为1公斤/cm²。

冰的松弛（屈服）时间在0°C时比在−5°C时小1.5倍。温度由−1°C降至−20°C时，冰的粘性作近似直线的增加。（苏尔曼1948）粘性增加了3倍，而Idöppler 1941年以为

14

增加了1,000倍）接近0°C时冰的粘性减得特别快，因为内部滑动及局部融化的可能性大大增加和容易了。冰的抗压强度从0°C降至-30°C时平均增加2.6倍。

压力增加的速度对冰的变形性质影响很大。按马克斯威尔说法，任何变形均是由相互有重叠的弹性和塑性变形部分构成的，而且，变形的大小同时取决于当时的受力大小（就像理想的弹性体一样）及受力其冲力的积分（就像流体那样）。如果作用力短期内增加很快，则弹性变形达到很大，而一旦超过极限则发生破裂，无需经过塑变阶段。反之，当压力长期而慢慢地增加时，弹性极限大大降低，弹性变形缩小，且作用力愈长则变形越表现为非弹性变形。因而要使物体维持变形状态时间要长，压力要小。这种现象马克斯威尔叫做松弛或变衰。因此，松弛时间可以作为度量变形中塑变和弹性变形相对大小的标准。松弛时间愈大是弹性变形为主的标誌，愈小则是塑性变形为主的标誌。

冰的松弛时间为8—90分钟。（除温度、加力时间外也还取决于变形方向）也就是说变形的弹性和塑性部分之比可超过11倍。

15

第二节　普通冰的一般物理特性

单晶冰的性质及滑动面

在X光摄影技術發明以前很久Mc.康乃尔(1891)根据冰对定向压力的反应不同,提出对冰的内部结构的看法。他认为冰像一叠倒上了胶水但却还未乾的纸牌。单元层片之间是弱化面,其间的联系很松。而这种单元层片是原子集中分佈的面。这种推测基本合乎实际,现在我们知道,在冰的晶格中垂直於主轴的基面的确是原子集中分佈的所在。沿基面发生破裂只不过引起单位晶胞的两個原子键的破裂,而沿垂直於基面的方向发生破裂则至少造成单位晶胞的四個键的破坏。这就是为什么基面之间是弱化面的原因。

冰晶的这种特性,对各种力学性质影响很大。这种特性叫做各向异性。

剪切变形各向异性

由於基面的联系微弱,是最好的发生剪切应变的滑动面。因此,冰单晶的各向异性在塑性变形上表现得最为明显,其次为强度,而与弹性变形关係最弱。由於基面的存在,作用力方向不同,在发生应变时,完全弹性、塑性、脆性变形直至发展过程是各不一样的。此中主要有三方面。(造成剪切或断裂时)

1). 剪切面与基面相同,只发生平移,变形是塑性变形。

2) 剪切应力平行主轴垂直於基面,则整个晶片弯曲为

19×20=380　　16

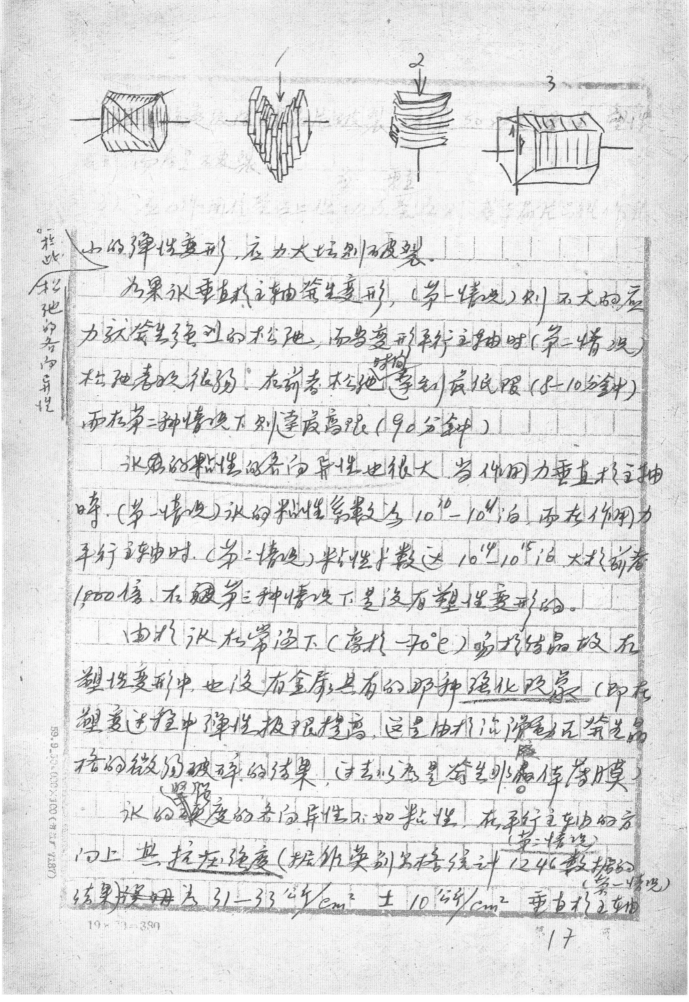

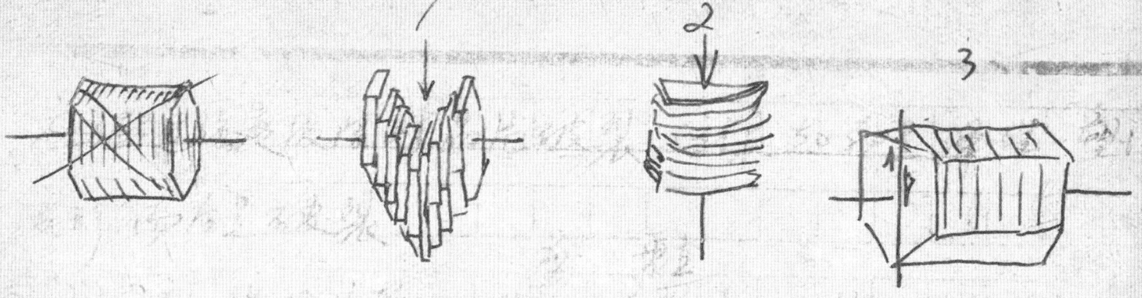

标此 松弛的各向异性

小的弹性变形，应力大时则破裂。

如果冰垂直于主轴发生变形，（第一情况）则不大的应力就发生强烈的松弛，而当变形平行主轴时（第二情况）松弛表现很弱。在前者松弛时间达到最低限（8—10分钟）而在第二种情况下则达最高限（90分钟）

冰晶的粘性的各向异性也很大，当作用力垂直于主轴时（第一情况）冰的粘性系数为 10^{10}—10^{11} 泊，而在作用力平行主轴时（第二情况）粘性系数达 10^{14}—10^{15} 泊，大于前者1,000倍。在第三种情况下是没有塑性变形的。

由于冰在常温下（高于-70°C）易于结晶，故在塑性变形中，也没有金属具有的那种强化现象（即在塑变过程中弹性极限提高，这是由于滑移面上发生晶格的微细破碎的结果，（其表现是发生非晶质体薄膜）

冰的坚固度的各向异性不如粘性，在平行主轴的方向上（第二情况）其拉压强度（据维英别尔格统计1246数据的结果）为31—33公斤/cm² ±10公斤/cm²，垂直于主轴（第一情况）

19×20=380

17

方向的抗压强度则为20—25公斤/cm²。在-3°C时冰的抗折强度为16.2±4.4公斤/cm²，抗拉（张）强度为11.1公斤/cm²，切剪强度为5.7公斤/cm²。这些资料均系由含有杂质的淡水冰，故纯冰应稍高于这些数值。

抗压强度由零度降至-3°C平均增加2.6倍

对冰晶进行的机械作用所作之功一部分转化为（束缚）热能，以提高温度或发生局部融化。另一部分则变为晶体的自由能。转为热能主要决定于变形中发生的内摩擦，它只有在塑变中才有内摩擦，故塑变中才能提高冰的温度等。但弹性变形不完全可逆（弹性后效）剩余变形，故在弹性变形中也会产生部分热能。

机械能的转化

（塑变强度为束缚能）

塑变中晶体颗粒间的新结构的自由能在晶体被破坏时为创造碎片的新表面而作功，故以表面能的形式出现。这是塑变的情况（以后又不发生），将化为自由能的部分很少。但在弹性变形中受力的晶体能得到很大的自由能。这种自由能可能用于发生松弛的分子过程（热运动 振动）或者在弹性后效过程中用于克服外力而作功。

大多数冰的变形过程是复杂的弹性—塑性性质。变形过程中消耗的（动）能一部分由于内摩擦而转化为热能，另一部分（取决于弹性部分的大小）变为受力物质的自由能

59.9.50·000×100（......）

19×20=380　　第 18 页

这种储能是松弛过程及弹性后效的能源，但其中的一部分才能以残余的未松弛的应力方式保存下来。

（内应力）（冰块中的大爆炸作用内应力的解除）（崩裂）

三、冰的光学性质

冰的很高的透明度的原因在于其对可见光谱的吸收系数极低。在所有矿物中冰的折射率最低。双折射很弱。（举例来说）波长为550 mμ（白光的中心）的光通过冰，其 $n_e=1.3120$；$n_o=1.3106$，$n_e-n_o=0.0014$。冰的双折射力的系数（色散）是正常的，很小的，因而冰在光学上是正性的，一光轴的，光轴与主晶轴一致。

由于冰的双折射力小，以及其晶格极易感受应力的影响，极弱的应力会引起光学反常现象出现，即波浪式的波消和双轴现象。光学反常的主要原因在于（在偏光下）外力的影响。在存在着外部干涉而出现的晶体生长受阻引起光学反常是很罕见的。一般结冰过程中，冰中是不产生相当大的应力的。波浪式的波消现象及光轴角达1°的两轴现象只有在掺杂小的硬混入物的周围1.1 m.m的地方发生。

纯塑性变形（沿基面滑动）不会引起冰的光性的变化，因为在晶格中无应力产生。光学反常常和基本晶片的弯曲有关

19

也即是由于弹性变形的结果。在偏光下单结晶片发生弯曲时，波状消光现象沿着平行于弯曲的方向发生。

冰的双轴夹角在0°—12°C时不会超过7-8°，如果超过，则是强烈变形和冰晶崩碎造成的假双轴现象。

四、"冰花"和"丁达尔"条纹

由于冰的很高的透明度和热导率很低的特性，因而能吸收直接热辐射而发生内部融化，融化中心显然是那些细小的异类物质包裹体。

在受光照射的冰晶中，过一段时间就出现由水组成的不大的圆盘，继续融化时它长成六瓣花形状，这就叫"冰花"，或以其首次描述人的名字命名叫"丁达尔花"。这是一种独特的"负晶体"。花的中央有暗色的圆盘，中空，充满水汽，这是由于融化时体积减小所致。出现中心气泡时常有清晰可闻的噼啪响声。生长迅速的"冰花"直径达1-1.5cm。花瓣有第二级分枝，和雪花很近似，甚至中央气泡也能有六瓣分枝。

"冰花"经常彼此平行分布在基面上，花瓣沿次要的结晶轴方向分布。这一点可以从同一冰晶中所有"冰花"的相应的花瓣彼此平行的性质上看出来。融化形态

20

的出现表明内部融化速度的异向性，内部融化首先沿晶体中的晶面之一扩大，在此面的某些一定的方向上融化扩大速度很大。

"弗列尔条纹"是冰晶体各向异性在外形上的表现。哈根巴赫-比学夫于1882年为第一个描述这种现象的时候的人，弗列尔来命名它。这是些分布在晶体表面的直线式沟纹，十分纤细，当基面为表面切过时即出现此条纹。弗列尔条纹的出现必须要在微弱的融化，而融化的水要立即蒸发。当融化水流动时，沿表面形成深而弯曲的沟槽体系，其方向不取决于晶体构造，而取决于重力。应当指出，真正的沿基面分布的"弗列尔条纹"是比较少见的现象。有人认为"弗列尔条纹"只有冰川冰才有，它是沿基面发生的内部滑动由于蒸发而显露出来的痕迹，但也不全然。

四五　冰晶体的生长

和其他晶体生长一样，冰晶可以自汽态水、液态水中生成，也可从固体冰中发生结构变化生成（如结构冰的退玻璃化及高压冰的转化）。在天然环境中冰是从冰汽和水中生成的。冰晶的生成可以分为两种，即自发结晶和非自发结晶。非自发结晶，即以溶液中已有的晶体为中心，发生晶体的加大，彼此的吞併过程，这一过程

21

这从的原则和在液滴中发生作用的原则一样。晶体愈小则比表积愈大，故物体总能量中表面能所占比例愈大。当晶体直径小于1μ时，表面张力提高了内部压力，使融化温度明显降低或水汽压力增大，以使晶体与增加了的水汽压力处于平衡状态。这样，大小晶体之间就发生通过升华、凝华而进行的物质迁移。

在大气或水中都有一定量的冰晶及溶有冰份的凝结核或其他构造与冰类似的晶体作为结晶核，从而使相变不发生困难。自发结晶是困难的。其所以如此是由于水在零度以下还占有一广阔的准稳定地区，按塔默林的计算为0°—-50°C，实验证明可达的下界更低。在较密积的冰中可以使水过冷到-32°C。小水滴中更难于有结晶核，故可冷却到更低（如外半径小冻结温度愈低）*。在大气中常见有过冷到-40°C的水滴。魏克安（1949）使小水滴一直冷到-50°C，而劳（Rau，1944）则达-72°C。在劳的试验中，在较高温度时，已经时而在这种、时而在那种开始了绕异体核的结晶，但在反覆融冻后这些核失去作用，颇有进一步过冷的可能性。只有在到-72°C时才在液滴的各处一下子都开始结晶，而不取决于异体核的位置。显然，这就

19×20=380　　第22页

* 1.87×10^{-7} 半径水滴冻结在-10°C以下
5.66×10^{-8} …………-30°C以下

是水过冷却准稳定状态的下界限。

各种物质均有过冷却状态，但水的过冷却状态更显著。因为水的粘性很低，其他物质当过冷而未放出融化热时，由于粘性在过冷状态下迅速增加，故易于形成为非晶质的玻璃状态。水在一个大气压和0°C时粘性为17.9毫泊，在−10°C时为20毫泊，在−20°C时，水仍然像在高温时一样移动性很大。这就是水的过冷却准稳定区域很广的原因。而粘度低又是冰晶形态完善的主要原因，因水分子易于组合。

由于水的过冷却性能，故要使水结晶必须使之过冷却，在大气中必须过饱和。在大气中除了少数情况温度低于−40°C外，过饱和水汽是不会升华结晶的。在较高的温度下首先是水汽凝结而后是液滴的冻结。为使液滴冻结必须在此时有结晶核存在。一旦过饱和水汽中有了结晶核，则此后的凝华结晶过程就可以顺利地进行。显然这也不是自然的凝华结晶。

本章主要参考书

П. А. Шумский:

Основы структурного ледоведения

1955

19×20=380

23

第二节 普通冰的一般物理特性

第三章
冰川的形成和分类

再结晶作用

冰川的运动

补给冰川

雪的基本形态

雪盖的特性

沉积冰岩

反射率

雪崩内部的温度变化

疏松层

最小自由能原则

动力变质作用

变质成冰作用

冷型变质成冰作用

地带性因素

非地带性因素

“热”型变质成冰作用

冰川前进

冰川后退

冰川分类方案

第三章 冰川的形成和分类

§1. 冰川

冰是矿物，分布在冰圈之中。[1] 在大气圈中它成为大气降水的形式之一；[2] 在岩石圈中它与各种矿物共同构成混合岩——冰岩；[3] 地下水圈和地面它形成连续很广的单矿岩。

关于冰的分类，在那大楚克书上分为了二种，但以卡氏合理地把冰川冰广归于沉积冰岩是不会当的，违反了岩石分类的岩石学原则。苏姆斯基分为三种，即1）冻结冰岩（岩浆冰岩）2）沉积冰岩（雪、霜、雹，包括[illegible]）3）变质冰岩，包括粒雪、沉积—变质冰岩、动力变质冰岩、热力变质冰岩，是适合最为合理的。

广义的冰川学（冰雪学）要研究一切冰的存在形式，狭义冰川学则以其中之一种为它的研究对象，即冰川。岩石学上主要涉及的是沉积—变质冰岩，但它还是要涉及一些其他的冰岩形式，甚至对大气中的冰也感到一些兴趣。因为雪主是大气中的冰晶沉积而来的，而冰川是由雪再变质来的。

关于冰川的定义，C.B. 卡氏的四条。

R.F. Flint的一段话实际包括卡氏的三条，

并包括死冰。

国内教科书及辞书上对冰川的定义，要探究，我们自己

20×20=400 第 頁

这种提法，但运动的冰川仍是冰川学研究的主体。

§2.五.一 冰川的主要补给形式随冰川所处环境不同而降五不同。

垂直三带。

年中气候变化。

五的消长和演化。

20×20＝400　　第　　頁

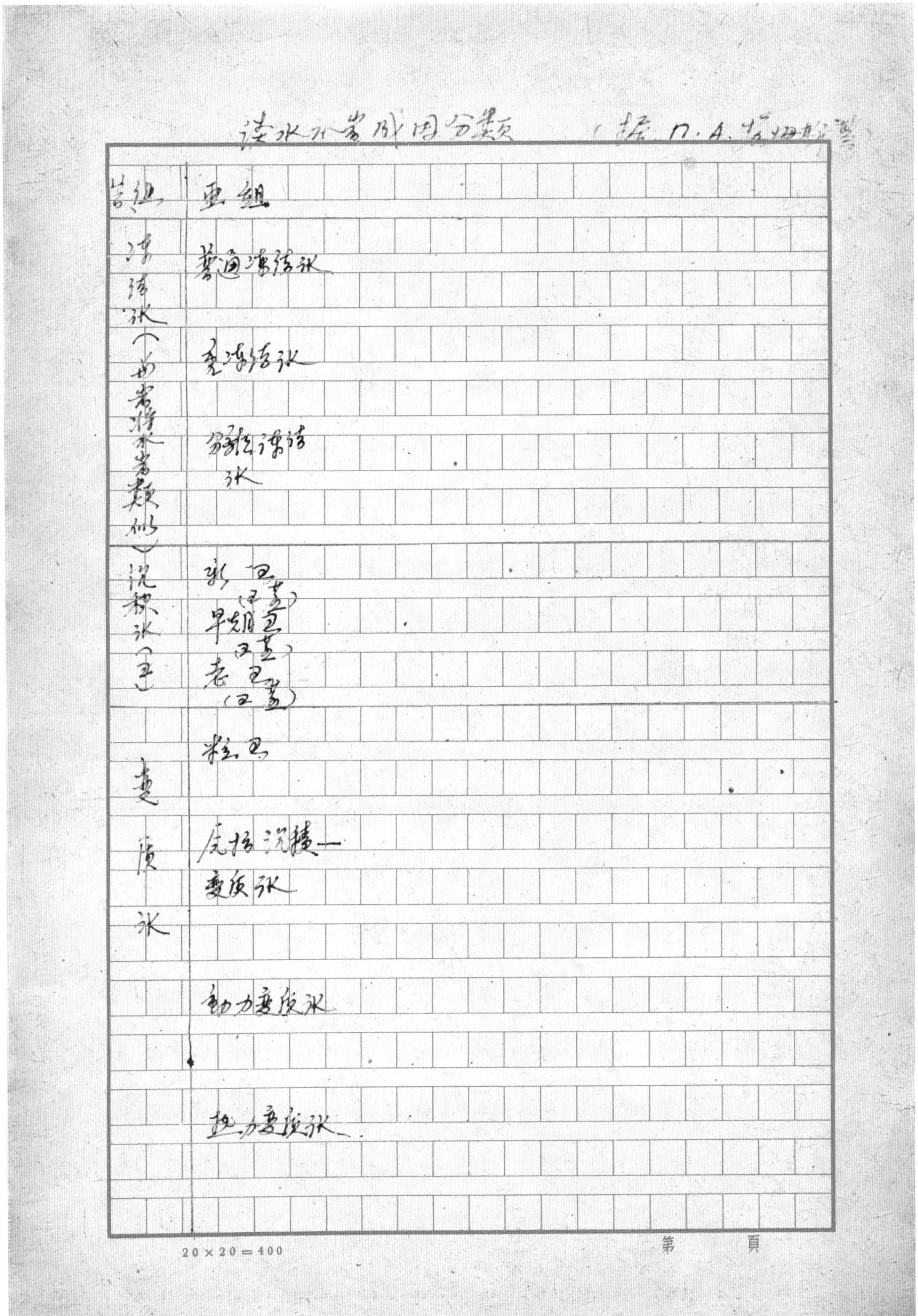

冰川岩成因分类（据 П.А.舒姆斯基）

岩组	亚组
凝结冰（与岩浆岩类似）	普通凝结冰 重凝结冰 分结凝结冰
沉积冰（雪）	新雪（平雪） 早期雪（旧雪） 老雪（旧雪）
变质冰	粒雪 冻结沉积—变质冰 动力变质冰 热力变质冰

20×20＝400　　第　　頁

第三章 冰川的形成和分类

§1. 冰川 广义冰川学（冰冻学）研究地球上冰的一切存在形式（大气圈、水圈、岩石圈、地球表面）狭義冰川学则以其中的一种作为它的研究对象，即大氣（雪[illegible]）固态降水落到地面长期堆积的各种形式及其活動，它对地理环境的影响。简单地说就是研究各种冰川。从岩石学的观点来说则是研究沉积冰岩，尤其是变质冰岩。一般地说，由水冻结产生的冻结（岩浆）冰岩不是狭义冰川学的对象，同样地，大气中发生的複雜的结冰过程也不是冰川学的对象。

什么是冰川呢？按照С.В.卡列斯尼克1939年的定義，冰川有四个主要特征：1）冰川是各种固态降水经过再结晶作用形成的冰的天然堆积体；2）冰川处于经常运動状态中（否则就是死冰）；3）主要分佈在陆地上（陆棚冰川除外）；4）有一定的规模，长时期中的形态比较稳定。弗林特（1957）说"冰川是由重结晶雪和融水冻结形成的冰和粒雪的堆积体，它们绝大部分分佈在陆地上，能够運動或曾经运动过"。这两个定义是很近似的。М.В.特罗诺夫（1954）及Г.К.图申斯基（1957）均批评卡列斯尼克把运动作为冰川必要特征的观点，他们强调不运动的冰川即雪堆在冰川演化及冰川所造成的地形、地质作用中所占的重要地位。这一点是可以同意的。实际上也未受到人们的反对。所谓雪蚀作用即是雪堆的地质作用。按照后一种观点也可以统一归结为冰川的地质作用了。而实质上的确是难于分开的。如雪蚀冰川和冰斗就区别不大，而一般冰斗总是雪蚀冰斗演化来的。不过运动（成熟）的冰川当然应当成为冰川研究的中心内容。

§2. 雪

雪是补给冰川的最主要的降水形式。随着冰川所处的气候条件不同，雪的性质状态是有差别的。大气中随着高度的不同水汽饱和程度及气温差别悬殊，因而雪的形式是不一样的。一般可把对流层分为三带：

1. 低层（温度0°—-15°C，冰面水汽过饱和度小，绝对湿度大）主要是雨层云分布带，如果降雪则为雪花和雪片，以至雪圈霰。

2. 中层（温度-15°—-30°C，绝对湿度中等，冰面水汽过饱和度中等）高层云及高积云带，雪晶完全，形成厚的雪片和柱体冰晶。

3. 高层（-30°—-60°C；绝对湿度小。）卷云带

a) 卷层云（冰面水汽过饱度中等）形成完善的冰晶即雪片和柱状冰晶（气流稳定冰晶能自由生長）

b) 对流卷云（冰面水汽过饱和度大）出现中空的柱状冰晶。

2

对流层以上述划分的三层，实际分别为三种主要云族所占据。高云族的下限一般在6,000 m Alt，中云族下限为2,000 m Alt，低云族则在2,000 m Alt以下。显然易见，由于山体突起的高度不同，雪线位置不同，冰川上承受的降水当来自大气中的不同层位，因而雪的形式不同。另外，随着季节的不同，地方云系也不同，固态降水的形式也不同。以祁连山为例，冬季大气稳定，降水均系高云降水（冰川上）一般是卷云、卷层云，它们一接触山体及冰面，立即造成降雪，而这时的雪多为细小的冰针和雪片，即所谓干雪，起风时极易造成吹雪。这个季节的降水总量则是全年最少的。但在春末夏初开始，周围平原山谷，地面增温很快，地方性的地形云、直展云迅速发育，低云在地方云系中渐占主要地位，并且由于每日的天气变化加剧，都影响到降水有很大的变化，一是降水量增加，再则是阵性降水增加（多出现在每日午后3点左右）。这时大天气系统降雪均为大片的雪花，阵性降水则均为霰、小冰雹。由于气温增高，雪晶及雹霰多有局部融化现象，因而造成湿雪，除非特别强的风，不能造成吹雪。这是祁连山冰川上降水的大体情况。冰川降水均为固态形式，但各季节不同，液态降水只有在温度极高的日子，在个别地方的冰

第 3 页

以上发秋。（但往往是混合降水形式）祁连山冬季的降雪由于上述原因量少（夏季降水），经常很浅，但在日照较多的情况下很快蒸发或吹走，因而难以形成连续的雪盖。只有到四五月间，雪盖才能形成，冰川的补给也与此相同。但在海洋性的阿尔卑斯，冬季西风气旋仍时常过境，降雪在全年中占重要地位，在低温条件下有利于雪盖的形成。

大气中雪的生长和变化

大气中所由生长的雪的基本形态是六角形薄片及六棱柱状冰针~~是柱的一端或两端加上维体~~。当这种原始的冰晶达到50μ时开始发生明显的下降运动，在下降过程中由于各云层中水汽饱和度、温度以及气流扰动情况不同，发生一系列的变化，最后形成不同形式的固态降水。我们知道，冰面饱和水汽压是小于水面的，因而，尽管某些空气层中水汽饱和度不大（对水面说），但对冰晶的生长来说则可能完全足够了，因而冰晶增长要求的条件比水要低。（在-20°C时，只要80%的相对湿度冰晶就能生长）。在冰晶的周围由于凝华作用使水汽饱和度减低，造成湿度梯度，这就发生外围水汽向冰晶周围集中的过程。由于冰晶（柱或片）的顶角或棱最突出，有接触外来水汽分子的机会最多，因而成为生长最迅速的地方，进而发展成为雪花。雪花不仅有一级分枝，而且有第二级和第三级的分枝。这在结晶

4

学上叫做骸晶。由于雪花进一步降落在较高的温度下，又可再度
首先在尖顶溶化，因而变回成为反骸晶（凸晶）。在这种反覆（溶解
以及水汽供应不均匀时出现的不均匀生长的影响下
和再生）的过程作用下，造成降雪中多种多样的雪花。世界上有些
雪花爱好者曾经收集到数千個雪花图案，但这只不过是大自然中
千万种雪花的一小部分而已。这只是单個雪花的情况，它在下

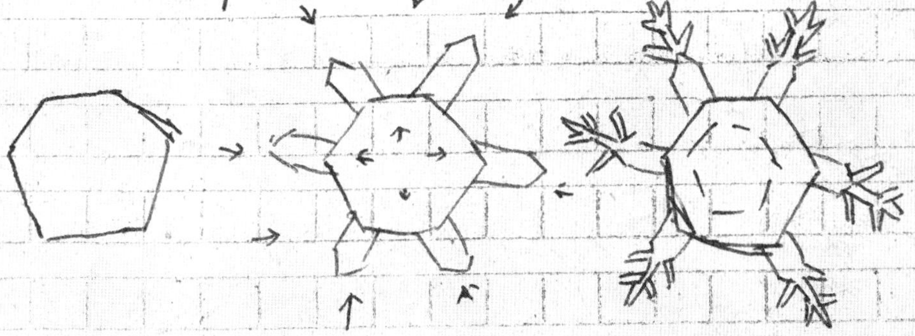

降过程中还和别的雪花彼此碰撞，尤其在有风的情况下
更是如此。碰撞会造成破碎，也可造成暂时溶化及冻结而
使雪花彼此相连，这就形成了所谓鹅毛大雪。如果气流涡
动十分厉害，则形成巨大的雪球，像花圈一样旋转飘舞，
造成降雪中的美丽景色。但这在冰川上，尤其中国西部冰
川气温很低，空气湿度不高，尤其由于地处高空，冰晶下
降通过的云层路途较短，不易形成上述雪花的各式变化。

§3. 雪盖的特性

按照苏姆吉斯基的意见，雪盖是沉积冰岩，他把含有各种
形式水及其他物质的大气比作盐水溶液（相比），而把大气中的

岩石学地位

5

降雪（及其他固态降水）的作用可溶盐在过饱和情况下发生的结晶沉降（湖中的盐类），它们形成的原理是一致的。

组成

作为沉积冰岩的雪盖是由各种大气固态水组成的，但主要的是大气中升华结晶的六角雪花。凝结成冰的固态降水为雪霰、霰、雾凇等也有重要作用但不如前者。冰雹一般是夏季温暖区对流云的产物故对雪盖形成没有什么作用。

密度

新落的雪就叫新雪。新雪的特性主要取决于它最后降落到地表以前所获得的性质。新雪一般具有密度低、松软、洁白、透明度好等特性。但由于雪花大小不同密度变化很大。苏联伊尔库茨克观察说明，大雪花的较比小雪花密度小，一般大雪花平均密度为~~0.0??~~0.056克/cm³，中雪花为0.091克/cm³，小雪花为0.135克/cm³。~~降雪时风~~的如果降下的是米雪、冰粒、小雹、霰等甚至可达0.70克/cm³。降雪时风的作用很大。静风时则雪花成绒毛状铺于地面，孔隙度极高，雪花彼此刚好搭接，密度极低，曾测到0.01克/cm³，在芬兰1917-1918冬天甚至记录到0.004克/cm³的数据（即每1m³只有4公斤重），真是轻得惊人。这种雪盖的排列是乱七八糟的，但有时落下雪花是水平叠置的。在降雪时如果近地面空气流扰动很厉害，则雪降到地表静止以前经过反复搬动，完整的晶形变损，棱角被磨损毁。雪的密度就大大加大。强风暴时积雪容重可达0.50克/cm³，其中含45%的孔隙和0.2%的封闭气泡。此积雪中雪晶也会

59.9.50，000×100（中华厂 V187）

19×20=380　　第 6 页

第三节　雪盖的特性

定向排列.

结构

由于物质来源及沉积条件的局部变化，即使在同一次降雪中也可以出现层理.（几毫米）有时甚至连肉眼也难看到，但不等于没有层理，不过雪盖主要的层理都是历次降雪间断造成的. 在间断期中雪面出现层冰壳（1～2cm）其原因可能是消融（低温下像南极内部年平均温度-30--40°C雪盖中的有薄冰壳乃辐射直接消融之故）也可能是昇华致表层雪加密或风的压实作用. 如果暖气流较长期经过雪面则薄冰壳变为完整的冰壳 其内有空气包体. 风雪壳的厚度可达1cm 往往成为雪盖中的冰间层（冰片）. 雪盖在经风的塑造下可以形成各种类似沙漠中沙丘地形的景象 并且由于有融化挥发作用而形态更加離奇.（雪地旅行雪面是指路标足以判风向南北等）

导热性

一般说来新雪盖是层状松散的 晶体不定向. 容重0.01-0.50克/cm³ 中含气体99-45%. 液水约0-0.2%. 一般新雪容重为0.07-0.18克/cm³.

新雪由于包含大量空气 而它的导热性极低 更加以其中空气不能和近地面空气相互循环 故新雪就成为一条隔冷的棉被保护着地面 及其上生存的植物及微生物. 雪的导热系数和其他几种物质的导热系数之比可见下表:

空气的导热系数 …… 0.00005

7

雪的导热系数……0.0003—0.0008

冰……0.0051—0.0053

水……0.0014

沙……0.0026

花岗石……0.0097.

新雪很白，反射率极高，北极区达95%，故雪地行走不带墨镜易得"雪盲"。我国冰川在前数年融冰化雪中主要用黑化冰面法降低反射率，增加吸收辐射力，促进冰的融化，这是有效的。当时测得的反照率一般50%左右，略偏小，原因是一般已非新雪，再则更重要的是黑化影响。

反射率

雪面	50~95%
冰面	30—60%
黄沙	29%
河沙	29%
黑土	29%
绿草	26%
褪色干草	19%

新雪有一定的透光性。据观测在20cm深处雪面吸收辐射有20%能透入，但随深度减小而减小，50cm深已不足1%。新雪的透光性对消融有很大影响。我们

19×20=380　第 8 页

（旁注：雪下消融）

在冰川上常看到新雪盖在粒雪或冰面上。新雪在日光照射下并不消融，但在其下的已经污化的冰雪面上则有消融现象（不要以为雪下由于冰面顶托不透水而出现的雪下径流相混。但雪下径流有一部分是上述现象造成的。） （融冰化雪时讲）

（旁注：颜色）

新雪色白，在巨厚的粒雪上微显蓝色，这是光被雪层内空气及雪晶折射和散射的结果。[illegible]多呈白色，这是由空气不易[illegible]透明。

Внимание, лавины! 1960
Walther Flaig "Lawinen" 1955

§4. 雪崩

（旁注：Alps 雪积到40-50cm 坡度22°即危险。）

雪崩，在山岳地区作为雪的再分布的一种重要方式，对冰川的补给起着重大的影响。有的冰川全靠雪崩，以致获得"雪崩冰川"的名字。而一般山岳冰川没有不受雪崩的补给的，只是多少程度不同而已。至于雪崩的重大经济危害则是人们熟知的，尤其山岳地区，和雪崩作斗争，成为全民性的工作。因此关于雪崩的研究是比较实际的。苏联在这方面也比较成功，代表性人物有Г. К. 图申斯基（1957著有 Лавины и защита от них на геолого-разведочных работах）。其他瑞士、挪威，对Alps的雪崩更有长期研究，经验很多。Swiss 1932年成立有专门雪崩研究委员会。（旁注：1957年还在塔什干召开山区测雪工作会议。）

所谓雪崩，按照图申斯基的定义，即是指"大量雪的下滑与滚动"（滑）下滑和滚动的雪体。凡是坡度在15°以上，积雪厚达30—40 cm以上者均可发生雪崩。他并把雪崩分为三种，即1)雪塌 2)沟槽

19×20=380 第 9 页

雪崩 3）跳跃式雪崩。雪崩塌（滑）是指沿没有明显沟槽的坡地上的雪滑，在草皮的山坡，秋后草枯形成平滑的表面，积雪到一定重量即产生这种形式的雪崩。另外，朝南山坡，除雪表面的融水往往成为新雪的滑动面促进雪崩。这种雪崩极易发生但却不易留下形迹，难于研究（公路上的路堑两侧应注意）。沟槽雪崩由于有固定的路途及堆积地（雪崩锥），这种雪崩的地貌作用很强，危害很大但易于研究。跳跃式雪崩是由于山体陡峻，雪块层中途遇突起的岩石或陡坎发生跳跃，由于它的速度近于自由落体，冲击力很大。把雪崩作上述划分，有利于分别研究它们的运动及发生条件，工程上很适用。另外一般把雪崩分为塵雪崩（干雪崩）和块雪崩（湿雪崩），前者主要发生在冬天低温新雪后，后者发生在初春融化开始时。一般来说塵雪崩的发生主要取决于外部条件（坡度、雪量、坡面光滑度等），而块雪崩则主要取决于雪盖内部发生的一切成岩作用过程（再结晶硬化过程）。但总的说来，即使塵雪崩也发生在降雪以后（最少数小时），而且一般是天晴后。由此可见，雪崩的发生主要应当是取决于雪盖内部发生的过程。图申斯基正是从这一观点来研究雪崩的，他把雪崩发生的原因归纳了下列八种，分别加以阐述。

19×20＝380 第 10 页

1）雪盖内部的温度变化造成疏松层

雪层再结晶造成危险的疏松层的原因之一就是雪盖中的很大的温度梯度，这种温度梯度是雪层的隔热性所造成的。温度的突变引起水汽压力梯度变化，从而使水汽从暖层向冷层移动，因为在冷层水汽压力较小。但是只有在温度递度指向雪层时，才能在雪盖中因为上述原因造成疏松层。入冬后的土层，雪盖在外部空气继续冷却时保持着指向地面（雪层）的温度梯度，有利于水汽自下而上发生消移，从而造成疏松层。疏松层主要是由"深成霜"组成的。"深霜"是冰晶结晶的最完善的晶体，一般是六角形锥状结体，就像一个喇叭，其喇叭口正对着水汽来源方向。它们生长在比较微密的顶板之下（厚冰壳、雪板等或一般雪层的顶面），由于它们的结构极为松脆，在重压或震动之下很容易破碎而成类似"流动层"之类的东西。上部的雪层即沿着此松散层滑动。据测侧压力 1-2 公斤/公分^2，即可使深霜层结构破坏。斜坡上，侧向压力是很大的。

2）雪层的再结晶作用（重结晶）

再结晶导致雪层中颗粒的变大及结构的变化。这一过程根本改变了雪层的结构和机械（力学）特性。为什么会发生再结晶呢，这是因为雪的形态（六角晶簇）无论就其大小或部分来看各部的能量是差别很大的。为了使雪粒表面积

20×20＝400　第 11 頁

至平衡，就必须产生物质的转移。这种转移主要是通过升华凝结和固化（融化）作用来进行的。Б. П. 维英别尔格说"……尖锐的雪花在本身中的瑕疵下是不能存在的。尤其是根据汤姆逊公式水汽压力在晶体的棱上一般（尤其是雪花）是十分巨大的，如果不是无限大的话"（1929）

凸形面上的饱和汽压 p'' 大于平液面上的饱和汽压

$$p'' = p + \frac{2\alpha}{r}\cdot\frac{\rho_0}{\rho}$$

p 平液面上饱和汽压（温度为 t） 力

α 液体表面张力系数

ρ " " 的密度

ρ_0 该气体在温度为 t 时的饱和水汽密度 气 水汽

r 曲率半径

直径大的冰晶吃掉直径小的冰晶，晶棱及尖角被升华变圆，结果使新雪变为粒雪的"成岩"。雪层进一步再结晶，冰粒按一定的方向排列，其长轴垂直于雪面，这就是所谓"纤维状粒雪"的由来。粒雪化增加塑流的可能；

3）雪的蠕动（塑性流动）ползучесть（creep）徐变

雪崩的很重要的原因是"雪的蠕动"。实验证明这种蠕动在坡上很盛行，其蠕动速度在上层雪中高于靠近地表的雪。Flaig 指出雪的蠕动能毁坏树木

20×20=400 第 12 页

雪的流动性比冰大 10^4–10^5 倍 在0℃时粘滞系数为 10^8 泊

房屋、移动地表石块等。其速度约每日达 1—30 m.m.

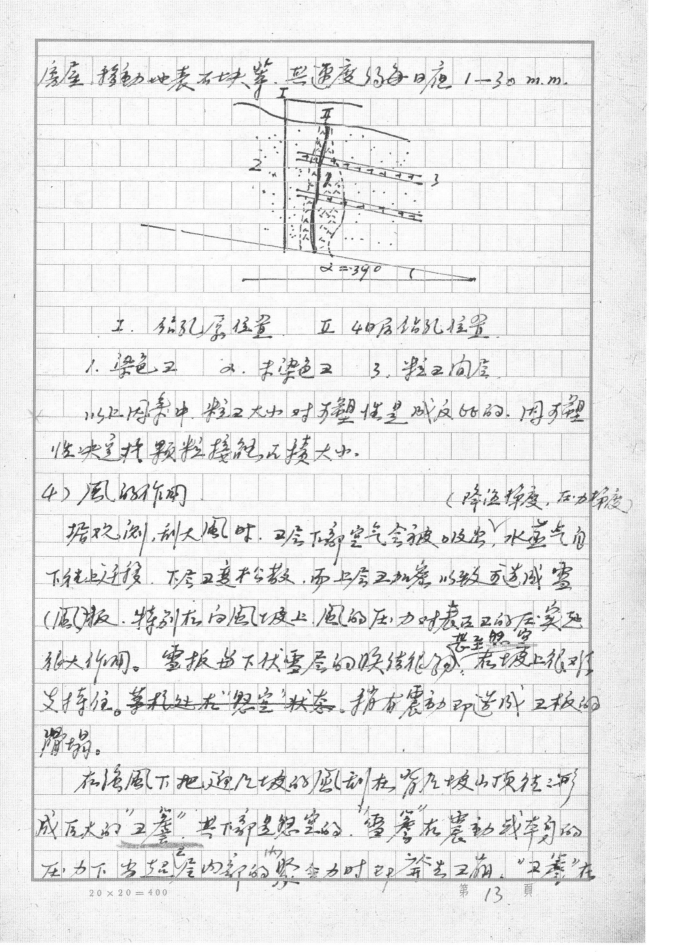

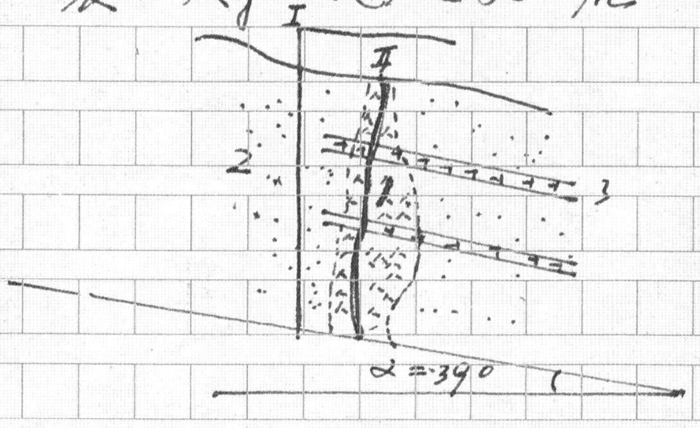

I. 钻孔原位置　　II 40日后钻孔位置

1. 染色雪　　2. 未染色雪　　3. 粒雪间层

从上图表中，粒雪大小对于塑性是成反比的。因于塑性决定于颗粒接触面积大小。

4）风的作用　　（降温梯度，压力梯度）

塔吹刮，刮大风时，雪层下部空气会被吸出，水蒸气自下往上迁移，下层雪变松散，而上层雪加密，以致可造成雪（风）板。特别在向风坡上，风的压力对表面雪的压实起很大作用。雪板与下伏雪层的联结很弱，甚至悬空，在坡上很难支持住。~~常处在"悬空"状态~~。稍有震动即造成雪板的滑塌。

在强风下把迎风坡的风刮在背风坡山顶往往形成巨大的"雪檐"，其下部是悬空的。"雪檐"在震动或本身的压力下，当超过雪层内部的内聚力时即产生雪崩。"雪檐"在

20×20=400　　第 13 頁

陡峭的崖坡上也能形成。

5）雪的冷热收缩。

有一种所谓"阴影雪崩"是在温差的雪的阴影笼罩雪面时产生的，它的形成和雪的线性收缩有关。据阔申斯基，当雪密度为0.05，长度为1000 m时，温度下降一度，线收缩为16.63 cm。这种收缩是可以引起裂缝和雪崩的。

B.H.阿库拉托夫提出了下述三个经验公式。

雪的密度高于0.40时。

$$\alpha=\frac{130.5-98\delta}{1.5+\delta}10^{-6},$$

密度0.40—0.25

$$\alpha=\frac{130.5-98\delta}{0.15-\delta}10^{-6}.$$

密度为0.05或更低则

$$\alpha=\frac{71.73-104.20\delta}{0.35+\delta}10^{-6}.$$

α 收缩系数，δ 密度。

$$(\Delta L=\alpha L_0 t)$$

阔申斯基以为应考虑雪的可塑性蠕变是否可能抵消线性收缩的倾向，这须进一步研究。他认为研究雪的冷热收缩对于雪坡及失去可塑性蠕变性的其他雪造成的雪崩的预报是有重要意义的。

20×20＝400 第14頁

6、坡度和雪层的关系

初一看来似乎坡度越陡则雪崩发生的可能愈大，但实际不见得如此。因坡陡则不利于积雪。因此，最危险的还是中等的坡度，其上有大量的雪的积累，而处于不稳定平衡状态。欧洲阿尔卑斯山区有人认为22°是雪崩发生的最低坡度，并在所谓"雪崩表"上以红字指出，这是危险坡度。阿甘斯基根据苏联的经验说，在14°的坡上也能发生雪崩。他统计了210次雪崩，各种坡度出现的次数如下：

5次……15-18°	63次……35°
23〃……25°	57次……50°
52〃……30°	10次……60°

发生雪崩坡度的不同取决于地区的各种条件。比如说单论坡度就须考虑下垫面的情况（见前面）。一般雪崩下垫面可分三种：①岩石坡面，②植被，③冰雪。显然每种下垫面又有许多细节的形状，所以对雪崩发生的条件是各有别。

7）气候的影响。

有利于雪崩的气候条件是：

①强风，造成雪暴迁移，使雪沟斗中积雪更多，并造成"雪檐"。

20×20=400　　第15頁

② 温度变化.

a) 温度高于零度造成融雪或湿雪崩。特别是在冬季的回暖的期间及雪后降水，特别增加雪崩发生的危险。焚风(也)造成强大的湿雪崩，同时引起冰雪的强烈消融。如在阿尔卑斯山中的瑞士焚风是很著名的。冬天有时5分钟内温度可变化9°C，这对造成湿雪崩是有利的条件。

b) 近地面低温甚至在30–40cm的厚度雪层中也造成较大的温度梯度，促进冰粒升华过程的加强，凝华则造成"深霜"层。后者是造成干雪崩的重要原因。

③ 太阳辐射在南坡造成晚(冰)雪融，新雪层和其下较多的滑动。

④ 湿热气流经过冰雪后其温度降低到雪层，造成表面雪的加速与粘结(凝结加消融)(潮湿化)。

⑤. 雪盖的消融和解冻。 在高加索和Alps山即使冬天也发生短期解冻，此时雪层为融水饱和，结果造成湿雪崩。如降雨则冰雪面消融很快，暖气流过雪面凝结放热增加消融量。在分析判别冰雪消融的条件时不仅应注意气温也应注意空气湿度。大多数湿雪崩发生在气温日平均超过0°C之后的日子里。

在春天山顶融水顺坡下流，为下面有雪盖而且其下

20×20=400　　第 16 頁

若基岩则容易造成湿雪崩。如果，雪在下方岩碎屑坡则雪崩可能性小。

不同地区气候条件不同，同一地区季节气候不同，发生雪崩的因素是各不一样的，要具体分析。

8）地震。

文献中早就有雪崩由地震引起的记录。图申斯基1955年在东西帕米工作，注意到那里地震在年中各月各季都强，尤其三月，这也是湿雪崩最大时期。不过他不相信那些雪崩的主要原因是地震，认为地震只是给崩落以其他动力帮助和加速造成雪崩的发生。但他承认必须在研究地区注意地震对雪崩的影响。

雪崩的分类（用于填图）见下表。（图申斯基1957）

雪崩的运动速度及滑动距离可以戈夫及奥登公式（1939）计算。

$$S = 2.3\frac{a}{K^2}\lg\frac{a-Kv_0}{a-Kv} - \frac{v-v_0}{K}$$

式中 S —— 坡度平均的的雪崩距离（运动段落的长度）

$a = [g\cdot\cos\alpha\cdot(\mathrm{tg}\,\alpha - 0.30)]$ —— 均匀加速或减速运动的速度

或 $= g\cdot\cos\alpha(\tan\alpha - 0.30)$ 取决于坡地角度 α

20×20＝400　　第17頁

V_0 —— 雪崩开始速度 m/sec；

V —— 雪崩终点时速度 m/sec；

K —— 沿下垫面下滑时雪崩的阻力系数，其数值取决于雪崩类型。

以选择法可计算雪崩速度，同时也可以确定途经物所受到的冲击力。当然，雪崩距离也是可求出的。

上述K值最好结合具体地区域作长期仔细调查。大雪崩阻力大，K值比小雪崩小。各地有经验数值。

雪崩对于防雪崩建筑的冲击力按C.A.苏克斯季安诺维奇公式计算

$$P = 10^{-2}\frac{\rho_1-\rho_2}{\rho_2-\rho_1}v^2$$

式中：ρ_1及ρ_2为冲击前后雪的密度

$\Delta\rho=\rho_2-\rho_1$ —— 密度增加值，

v —— 雪崩在冲击阻碍物时的运动速度。

冲击力的精确计算要求作细致的调查工作。

雪崩下层的气浪会造成极大的破坏力，其原因还不清楚，一般将把它和粉雪崩高速运动联系起来。防治它的唯一有效方法是“雪崩走廊”。

“明洞”

20×20=400　　第 15 頁

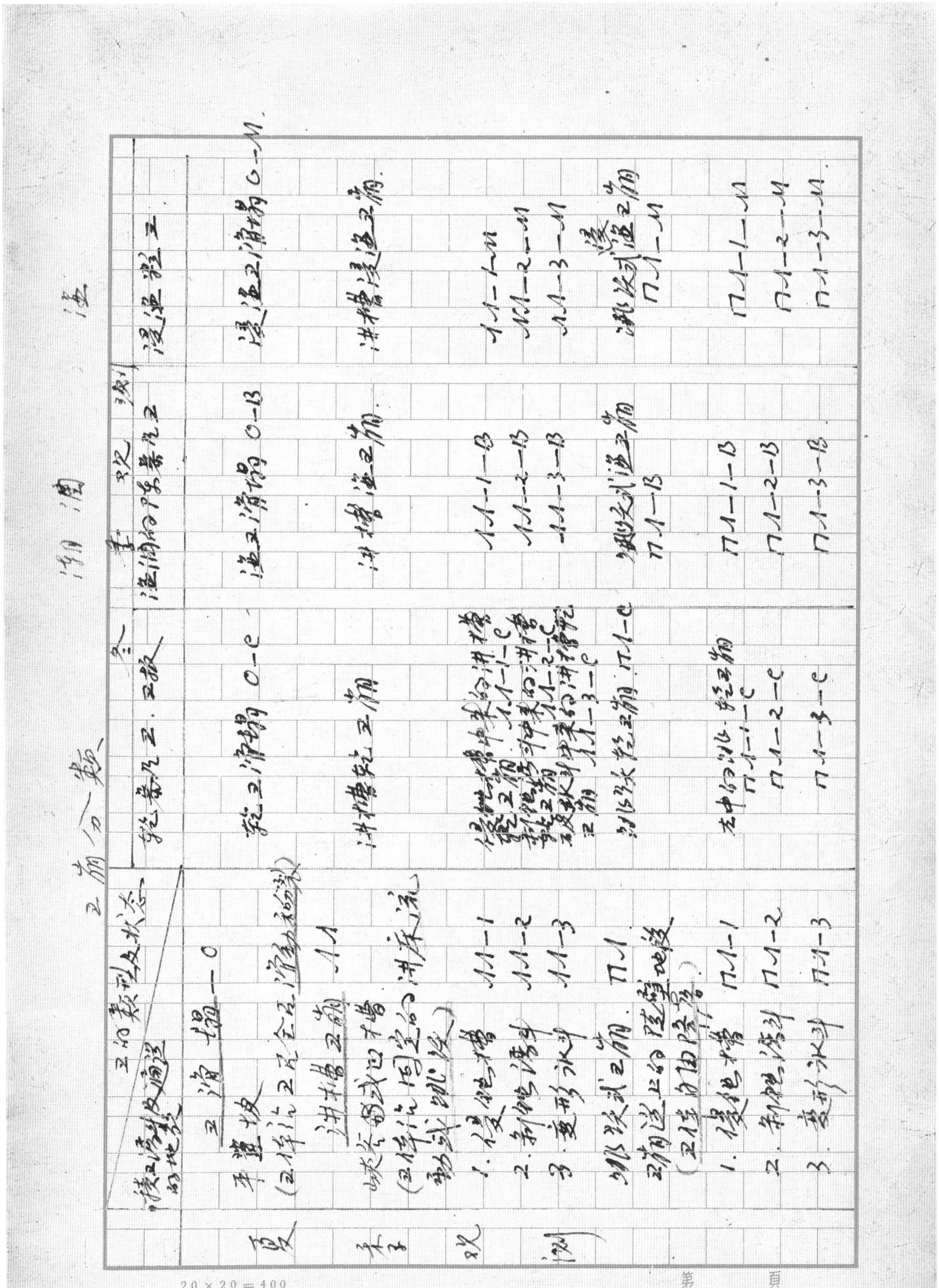

雪崩分类　　湿润　　湿

积雪滑坡及崩塌的地段 \ 雪的类型及状态	冬季观测：干燥的雪. 雪板	冬季观测：湿润的陈旧的雪	冬季观测：浸湿的雪
雪滑塌—О 平整坡 (雪体沿雪层全面滑动和破裂)	干雪滑塌 О-С	湿雪滑塌 О-В	浸湿雪滑塌 О-М
沟槽雪崩 Л1 峡谷或凹槽 (雪体沿固定的沟床流动或跳跃)	沟槽干雪崩	沟槽湿雪崩	沟槽浸湿雪崩
1. 侵蚀槽 Л1-1	侵蚀槽中来的沟槽干雪崩 Л1-1-С	Л1-1-В	Л1-1-М
2. 剥蚀漏斗 Л1-2	剥蚀漏斗中来的沟槽干雪崩 Л1-2-С	Л1-2-В	Л1-2-М
3. 变形冰斗 Л1-3	变形冰斗中来的沟槽干雪崩 Л1-3-С	Л1-3-В	Л1-3-М
跳跃式雪崩 П1 雪崩道上的陡壁地段 (雪体自由降落)	跳跃式干雪崩 П1-С	跳跃式湿雪崩 П1-В	跳跃式浸湿雪崩 П1-М
1. 侵蚀槽 П1-1	其中的跳跃干雪崩 П1-1-С	П1-1-В	П1-1-М
2. 剥蚀漏斗 П1-2	П1-2-С	П1-2-В	П1-2-М
3. 变形冰斗 П1-3	П1-3-С	П1-3-В	П1-3-М

(左侧竖写：夏季观测)

20×20＝400　　第　　页

О. осов.

Л.Л. лотковая лавина

П.Л. прыгающая лавина

С. сухие лавины

В. влажное

М. мокрые.

12　NO: 7

从冰川補给的观点来看，冰崩的作用是很大的，但在不同的地区，其表现形式和程度是不一样的。如：喜山有巨大的冰崩，山高而陡，降水多是其主要原因，那边山岩常见到大规模冰崩，主要是冰滑塌。但在天山，我在博格达就亲眼看到惊人的雪崩，新雪之后天气稳定不久即可以听到雪崩声隆隆，山峰上大雪崩滚滚。总的来说，冰崩的发生及形式取决于地区的气候及地形条件，但冰崩是在积冰的内部过程所控制下演化的。

§5. ~~冰盖的变质作用——~~冰岩变质~~成冰过程~~作用总述

无论是原始的冰盖抑或是冰崩造成的冰堆，作为沉积冰岩在地表上仍然处于不稳定状态，它们进一步的发展就是发生各种形式的变质作用，从而成为变质冰岩。它的演化趋势是力求达到冰岩内部的稳定及其与外部环境的平衡，这一点是和一切变质岩是一致的。唯一的区别是一般岩石的变质所需的高温高压条件只能在地壳内部达到，其能源来自地球内部，而冰发生变质则主要受地表气候因素的影响，其能源来自太阳。但是，即使在外部条件不变时（温、压），冰盖内部也会发生能量的转化和结构的调整（后者是前者的表现形式），这可以叫做自发变质过程。而外界的影响是通过这些过程而起作用的（地热、寒暖变化、融冻作用

20×20=400　第 19 頁

喷出岩变为结晶岩，石灰岩的大理岩化，通常情况下玻璃的结晶（脱玻璃化），金属的老化，均与此过程类似。覆盖内部发生的这种过程也叫做再结晶过程和新结晶过程。它们的再结晶服从于下述原则：

1) 最小自由能原则

任何物化体系按热力学第二定律均力求达到平衡状态。在平衡状态时 $U=\psi+T\cdot S$ 式中，$T\cdot S$ 值最大，ψ 最小，即自由能最小，作功的可能性大大降低以至消失。在等温绝热过程中，物质的内能 U 不变，体系由不平衡进入平衡，必然发生 ψ 转变为 $T\cdot S$ 的过程。既然是等温过程，故关键之点是增加 S 熵值。所谓熵值在等温绝热过程中增，即是使体系处于最大概率状态。自由能是通过体系中进行的各种分子过程来转变为束缚能的。既然束缚能是绝对温度和熵之积，故温度愈高则意味着转变为束缚能的分子过程愈强烈。也就是说愈接近融点，按最小自由能原则在冰盖中发生的再结晶过程愈强，也即是有更多的自由能转变为束缚能。在-70，-72°C时，冰的晶格中粒子的各种振动及位移已经停止（氢键固定，氧的位置固定），因而分子过程也即停止。也即是冰在此时处于最稳定状态，不发生自由能向束缚能的转化，各粒子位置均处于最大机率状态、熵值最大、自由能最小。这是冰的再结晶作用的温度下限。反过来说，如果温度由低于此温度以下上升達到此温度或以上，则开始发生冰的再结晶作用。如低温冰（等轴晶体）及"冰玻璃"在温度超过此温度时即发生再结晶作用而成普通冰。因此，这一温度也就叫做冰的再结晶温度。在再结晶温度以上，融点以下广大的温度范围内，冰在内部必须按最小自由能原则来调整自己的内部结构。如果未处于熵值最大时必然发生再结晶作用。据上述看，冰的再结晶温度也即是过冷水维持稳定值的下限。在此温度上，水、水汽、低温冰及"冰玻璃"均立即转化为普通冰。故又叫做冰（冰I）的"自发结晶（生长成）三相点"。（此时结晶需要其他起动因子）

冰中的三相共存。与其融化

2）同化和聚合重结晶作用。

结晶物质可以有两种形式的自由能：①单晶或其碎屑的表面能；②未松弛的内应力。这里首先谈表面能的问题，因为正是发生的再结晶过程主要即是表面能的变化。

一個晶体要使它的表面能（自由能）最小，最理想的形态就是球体，因为相同体积的各种形体中以球体的表面积最小，而表面能是与表面积成正比的。对于具有各向异性的晶体来说，各种晶面的表面张力有差异，因而平衡形态

20×20＝400　　第 71 頁

应当是大体接近于球形的多面体。但既然体形差别不大，我们可以把晶体力求取得平衡形态的趋势简单地叫做"圆化"。圆化过程是靠分子迁移来实现的。晶体的凸出的顶角和棱边的表面张力大，即这里分子之间联系不紧，具有较大的自由能（动能），因而易于冲出表面逸入孔隙空间成气体分子，因而饱和气压大。相反地，在曲率大的或平坦以至凹下的部分表面，由于表面张力小，故饱和水汽压小。这样，在在曲率大的表面和曲率小的表面之间就形成了饱和水汽密度（绝对湿度）的梯度。曲率大的表面上方饱和水汽压大，故向曲率小的表面上方发生水汽分子的移动，从而造成后者的过饱和。水汽分子此时就附着在曲率小的表面上发生凝华作用。这种过程（分子迁移）直到梯度消失为止，亦即表面曲率趋于一致时为止。这就是"圆化"的实质。

以上过程发生在单晶体的内部（如雪粒）。但作为多晶堆积的粒雪各晶体彼此间也由于上述原理，发生大晶体通过水汽迁移吞併小晶体的过程，直到小晶体的消失。因此在粒雪中发生着晶体数目减少，而促使达成单晶的过程，这叫做"集合重结晶作用"。

但是，表面张力（表面能）所造成的上述"圆化"及

20×20＝400　　第 22 頁

“集合重结晶”作用不能无限制地进行。据巴统多研究，当晶体的曲率半径为0.1—0.2 m.m.时，这种过程发生得很快，而当半径接近于1cm时，这种过程就几乎停止，或以无限慢的速度进行，或为其他重结晶过程所掩盖。因此，同化和集合重结晶作用只有在晶粒很小以及晶体为骸晶（雪花）树枝状以及其他多角形晶体时发生。

既然同化及集合重结晶均是以单個冰晶为中心进行的，因而，同化后和集合重结晶后的每基内部的冰晶仍然是无定向排列的。降下时的杂乱堆积，方向混乱的情况仍然保留下来。

3）再结晶作用

凡是在固相中完成的重结晶作用都叫做再结晶作用。脱玻璃化，多相体的相互转变均属于此。冰中以表面能引起的再结晶作用（包括再结晶的同化作用及集合再结晶作用）是晶体之间分子直接从一空间格子的位置转到另一位置来进行的。在温度高于再结晶温度时，相邻晶体晶格之间的这种分子转移过程是进行得很频繁的，其结果是使一些晶体增大，一些缩小。这种分子迁移表现在晶体之间的界限的定向移动上，温度愈高则移动愈快。移动的方向决定于①表面曲率（凹面移入凸面）②晶格的内部方向，其次为极

20×20＝400　　第 23 頁

收粒边和维持其上分子的能力。在这种作用下，冰晶发生再结晶同化和聚合再结晶作用。

4）升华重结晶作用

冰中的再结晶作用一般是在负温下进行的，与它同时在不直接接触的晶体间发生物质经汽态而完成的再分配作用，即升华重结晶作用，与它伴随的还有物质沿晶面的迁移。

~~在不溶于水的石腊油中，在-5°C的情况，我们投入雪花而可看到雪花形态逐渐变化。只有在接近零度时物质的表面移动才存在，在-10°C时雪花在几个月也不发生变化，而升华过程即使在-80°C时仍很显著，因而在上述情况下雪花的形变只能归诸于以气态形式发生的物质迁移。~~

把雪花投入-5°C的石腊油中，油在这里不溶于水，故雪花无溶化的可能，但也无汽化升华的可能，可是我们却看到雪花的形态发生变化，这种变化只能由物质的表面迁移来解释。但物质的表面迁移只有在接近0°C时才能发生，在-10°C时经过几月也见不到雪花的变形现象，但在-80°C时升华过程的影响还很明显！

表面能引起的升华重结晶过程可分为升华同化作用及聚合重结晶作用。

温度梯度的存在在很大程度上促进升华重结晶作用

20×20=400　　第 24 頁

在物质移动的方向上有大量的热能移动伴随着，在温度高的部分饱和水汽压大于温度降低的部分的饱和水汽压，因而发生水汽向温度低的方向扩散。这就使较热部分发生升华，而在较冷部分发生凝华。这种由外力造成的过程通常称为热力变质作用，它加速升华重结晶作用，冰晶粒圆化，颗粒变大。在自然界中这种外力影响总是排除不了的。冰晶内部发生的升华重结晶过程，其目的即在于恢复平衡状态。

如果在雪层中由于由热区迁来的水汽过多（梯度很大）而过饱和度很高则易于形成所谓"深霜"层，这是自形的冰晶，有的更呈成骸晶。此时，冰的内能提高，因而应当把深霜的生成当作是逆变质作用，即升华逆变质作用。（因为自发的冰岩内部的再结晶或重结晶均导致自由能的降低，在外部能加入下逆变质则使内能提高，自由能提高。）

上述再结晶和升华重结晶是在冰中晶体活动而且不存在液态水的情况下进行的缓慢的自然过程。

5）再冻结重结晶作用

冰晶体间通过液相作中间阶段发生的物质迁移以构成再冻结或重结晶作用。如果冰晶全部融成水后再结晶

20×20＝400　　第25頁

别与天然水的冻结无任何差异，在此种情况下我们只能把它看作是冻结冰（冻浆冰）而不能当作是变质冰了。

再冻结重结晶作用是指冰岩的孔隙、空间中夹的融化融水迁移及冻结的一系列过程。

我们知道，在冰中，即使处于负温的淡水冰的晶体界面之间也会由于盐分的存在（结晶时排在晶面之间聚集起来）而形成盐溶液的薄膜水层。这种薄膜水层就是物质迁移的中介。冰晶不稳定的晶面上常有分子落入这种薄膜水中，从而降低后者的浓度，相反却在更稳定的晶面上沉积下来。通过这种作用单晶及多晶中体之间发生物质迁移。再沉积过程取决于盐在溶液中的扩散及较大的热量的传播，这些条件不是常能得到的，因而通过液态发生的这种再冻结重结晶作用比直接的再结晶作用进行得缓慢。)

如果外部有能量大量流入冰体时（压力、温度梯度造成的热传导）则在冰体孔隙内部易于发生大量的融水，此时，融水解除了盐溶液的束缚，能够自由迁移，再冻结重结晶过程就能快速地进行。冰岩表面的融化最有利于促进再冻结重结晶作用。融水沿孔隙或晶体间界面渗入冰体，使冰晶的突出部分及小冰晶

第五节 冰岩变质作用总述

融化，而在一些大晶体上发生冻结结晶。冰岩内部的“冷贮”对于下渗融水的冻结亦具有巨大的作用。这就造成迅速的再冻结固化及聚合重结晶作用，这全部属于热力变质过程的范围。在论述这种再冻结重结晶过程中没有类似于升华变质的现象，因为在现实的冰岩中不存在升华变质所需的急剧冷却。

凝华潜热可以作为再冻结过程可能的热源之一。在凝华时，一克水汽放出677卡/克热，在0°C时可融化8.5克冰。根据这一过程，H.阿尔曼及A.特维庭(1923)认为凝华必然伴随着融化，而B.И.哈尔拉夫(1944)更认为“凝华-融化”造成的再冻结重结晶作用是雪盖中晶体之间形成联固联结的基本原因之一。但他们忽视了凝华主要决定于凝华面上能够放出的热量的多少而定的。当放热使发生凝华的面层温度上升到与发生升华的面层温度相等时，就不可能再发生热的交换，凝华放热不能无限地进行。

冰面凹陷凝结的确有很大助于消融，但这种消融与辐射或对流消融的结果没有什么差别，都依由外部吸收热。

(6) 动力变质作用、

前述几种变质作用都和来源有关，无论是冰岩(或雪盖)

20×20=400　　第27頁

内部的能量调整或外部的热的影响都是通过表面能的形式发挥作用的。现在我们要讲的是在内应力（自由能）的控制下所发生的变质过程。这可以叫做动力变质过程。

前面我们讲过，无论在哪种变形的情况下，都有一部分能变为物体的内部自由能，外力所作的功变为内部自由能的比例与弹性变形的大小成正比。

对受力物质来说，减小自由能就意味着趋向于松弛（即应力的弱化），一般这种松弛过程就是通过重结晶作用来实现的。（重结晶是分子过程） 汤姆生在1861年即提出了同一体系中受力较小的晶体或晶体的某部分靠损耗受力更大的晶体或晶体部分而生长的一般原理。即是说受力小的晶体生长，受力大的晶体变小。

① 同构造重结晶作用

对于一般岩石说来，重结晶与构造运动在时间上的相互关系不同，可以分为前构造重结晶作用、同构造重结晶作用以及后构造重结晶作用。冰的重结晶是同构造重结晶类型，当然只要内应力未完全松弛，重结晶在构造运动之后仍可延续一段时期。不过我们在这里将不计较时间的意义，而当取其惯用的含义，即包括一切单纯由于内应力（自由能）所造成的冰的重结晶作用。

20×20＝400　　　　第 28 頁

同构造重结晶也是岩石适应变形的方式之一。在有液态或气态水时，为应力不超过弹性极限，则同构造重结晶作用可能是岩石适应变形的唯一的方式。此时，它是发生运动的主要机制，造成假塑性流，其表现方式是受力较高的表面发生熔化和再结晶，物质的迁移以及物质在没有应力（或应力解除）的部位发生重结晶（按里克定则，见第十）根据这一性质可以分为再结晶同构造重结晶及溶液结晶同构造重结晶。

假塑性流的主要机制是压缩和侧向挤压。在典型的情况下，这种过程应导致晶粒变扁以及岩石全部物质沿垂直于压力方向的平面分布，其结果就是出现在片麻岩及其他变质岩石中所见的片状构造。

假塑性流（外表类似真正的液体粘性流）的典型特征是不能传播定向压力，在一些地方应力消失。但冰中不见任何类似现象，此中假塑性流有重大作用。这是因为变形时应力大多超过物质的弹性极限，同时由于晶体的构造和强度不同出现粒子间及粒子内的滑动，即全部晶体的相对位移或沿晶体内部滑动而发生的运动（塑性变形）。这两种运动的结果都是造成定向构造。当晶体整体相对位移时，晶体长轴或平坦面转动以平行于变形所造成的滑动方向。这种现象

20×20=400　　第29页

出现于组中（类似流水中的卵石）。内部滑动是冰的特性，滑动在平行于基面。由于晶体此时并未发生转动，故有规则的定向排列只能是同构造重结晶的结果。

从金属试验中我们知道，微弱的形变会引起受力小的晶体靠损耗受应力大的晶体而生长起来。同时晶体的平均规模增大，晶体的数量减少，并出现有规则的定向排列。

待到形变之后，再结晶过程是另一种样子，在受到变形的物质中出现不受应力的新生成的新晶芽，它靠消耗老晶体生长起来，其结果是晶体的数目增加，方向混乱，或者保存规则性，但各细晶粒之间的差距很大。

为简便起见，我们把第一种再结晶叫做迁移再结晶（据 H. Dorsey 1940）而把第二种（在金中常见）叫做反生再结晶（R. Cahn. 1949）。

② 迁移再结晶

冰中只知道有迁移再结晶作用。其特点是，冰晶的基面方向如果接近于运动方向，则在形变中受到的应力较小（易于发生塑变调节）因而它们得靠吸收方向位置不利从而受应力很大的冰晶的物质而增长起来。这样就引起晶体主轴有力图垂直于运动方向的趋势，在长期运动方向不变时这种趋势愈明显。此时晶体变大而数量减少，在这种

20×20=400　　第 30 頁

总而言，同構造迁移重结晶造成的结果与前述的聚合重结晶作用的结果相同。其不同之处在于迁移重结晶作用要求延续很长时间，冰晶规模大。作用的极限也是单晶（实际也不会达到），以这個单晶的基面平行於运动方向，而对聚合重结晶作用来说是无所谓定向排列的。

和聚合重结晶一样，迁移再结晶也可以自我进行或通过过渡阶段（液相或气相）完成，因而也可分为迁移再结晶作用、同構造再冻结重结晶作用以及并单重结晶作用。这些过程都分別是一定规律的表现（实际上有后二個直接预见到），但其構造结果与假粘性流的重结晶作用有很大的区别，因为这些过程均服从於一种岩石的构造对另一种类型的变形（岩体中的内部滑动）的适应性現象。

再结晶及再冻结乃是迁移同構造重结晶作用的基本类型，其结果彼此区别很小。再结晶在负温下佔优势，再冻结在0°C附近佔优势。动力变质中的再冻结重结晶作用与前述假粘性流中的同一作用不同，迁移水分只在相邻冰晶间的水膜中进行传递，并不発生任何大範围的迁移。

定向压力形成的水很快迁移並在减小压力的地方冻结起来，而在静压下的水（包括冰晶间大多数薄膜水）没

20×20＝400　　第 31 頁

颗粒中也能在压力减小时冻结。

异(疑)常同构造重结晶和前二者比较作用很小。因它主要出现在有气孔的岩石中，该处晶体有较大的构造自由。变形调节基本是沿促使晶体解除应力的粒向运动方向进行。

③ 多边形化

在冰岩中是不会有产生再结晶作用的，这应用温度接近熔点冰晶的弹性应力不足来解释。但却还有一种不久前才在金属中发现的再结晶作用即所谓多边形化。(1949)

多角形化是指斜到特大时弯曲的冰晶崩解为许多较小的晶体，它们之间的界限大体成直线，而其晶体方向与原始的弯曲冰晶的该部分的定向相同。单一的晶体正解了变成一组彼此方向近似的许多小晶体。我们知道正是这种图案是所谓压碎岩的典型图案，故很可能在多数情况下压碎都是多边形化作用。弯曲愈强则原始晶体崩解为更多的碎块，边缘的碎块晶体方向愈差异愈多。

新的晶体组是由解除了弯曲弹性应力，因而多边形化也是物质减少自由能储备的一种分子机制。但从重结晶总的过程方向来说，(为倒变为单晶)则多边形化乃是退化变质现象(逆变质)

「晶体圆化」「聚合重结晶」及「同构造重结晶」是变晶体

20×20=400　　第32頁

的冰岩力求达到最小自由能而进行的分子过程的总概括。这些过程都是靠消耗内部能量来进行的。但前二者的内部自由能来自变形前的贮备，而后者则从当时同时发生的形变应力中取得能量的。如果外力很大，则外部能量的加入很容易抵消内部自由能的减少，从而导致逆变质过程。即冰的粒度减小，表面能增加。多边形化就是明显的例子。这样变形后冰的能量的增加产生了变质过程的质的变化。

④ 剪断层变质

它的应力的进一步加强，使晶体发生直接的脆性断裂，而不是经过弹性应力及分子过程发生间接的变化。此时首先发生沿断裂层面的压碎及磨棱角化阶段，碎屑沿断层面运动与晶体界面及内部滑动面相关联。这种变质的能量来自外部，造成岩石内部自由能贮藏的增加。

⑤ 再冻结动力变质

由于冰的塑性大及接近于融点，强烈的剪切变形及相伴的压碎现象时常引起塑性增加带的出现。在此带中重结晶过程加速并部分地转入液态。融化的原因就是摩擦热。不过，在很高的全压力下，冰的融点降低发生局部融化。这就是再冻结动力变质现象。它是断层变质的特殊的表现形式，不能把它归于一般的重结晶

20×20=400　　第33頁

过程，因为两者不同，这种是整个冰岩层（带）均发生融化，并有部分自发结晶现象（与围岩无关）。在另一方面它又不能和冻结成冰作用混同，因为它和冰岩内部发生的过程有原则的性质上的联系。

多余压力引起融化之后迅速的冻结会引起细粒冰的形成，就像压碎、颗粒形化及深霜的生长一样，均使冰岩中内部自由能增加。所有这些过程均属于外力造成的逆变质过程。

上述动力变质过程，从接受定律发生重结晶的假塑性流以至磨棱岩化及内部融化，乃是一组完整的变质系列，每一类别的环节反映着岩石对更为强烈的应力的应变（形变）。这一系列过程的大多数环节是多晶体冰的塑性变形（流动现象），而压碎则属脆性现象（破裂）。显然，它们都比单晶中对应的现象更为复杂。粒子间相互位置的调整既可出现在有液态水参与下的同样递进结晶作用中，也可以在“干”冰发生递进变质时由粒间联系（内聚力）的破坏同时出现。

冰的热学及力学性质使它和其他非冰岩石的变质过程有很显著的不同。首先，冰没有各种岩石所固有的变质分带性（浅变带、中变带、深变带、再生带），在冰岩中从表面或接近表面的层位开始即开始出现在地表中含

20×20＝400　　第 34 頁

们变质带所特有的各种变质过程。深变质带所特有的流动性，对冰川来说，在深度不足为15m的地方即已开始出现。张裂隙通常发生在表面层中，但它却可以向深处伸展直到80m或更多以至切穿全部冰川厚度。逆掩断层则是冰川底部的常见现象。甚至厚达数百米的冰川也是如此。至于深度的分带性，在"暖"冰川中则无任何意义，因为全部冰川均处于融点。由此看来，我们在讨论冰岩的变质时要紧记，地壳中的各种类似的变质过程在这里是彼此等鉴的。不过，我们必须注意冰岩对外界应力或热力的反映首先取决于冰岩本身的材料性质。首先，作为沉积冰岩的雪盖在密度上是完全不同于冰川上的被变质冰岩的。雪盖的力学性质颇与真正的液体粘性流相似，不同之处仅在于它的可压缩性。在上前一节中我们已经讲述了它的力学特性。冰川的运动所涉到的主要是冰川冰（动力变质及热力变质）的问题。在这里动力变质是主要的过程。但由于冰川所处的自然地理条件不同，由雪到冰的变质过程以及冰川冰的进一步变质（外在方面体现为运动）都是很不相同的。因此，我们除了上面一般地论述了冰中若干方面发生的诸变质过程（按成因分类）外，还需要具体地探索地球上冰岩变质的主要几种方式或途径，即是说向

20×20=400　　第35頁

到现实的地理环境中来。这就体现了冰川的地理特色。

下面我们把上述各变质过程加以成因分类：

表就是基于把动力变质（塑流构）包括进去。（因在冰川中这方面最重要）

冰岩变质过程的成因分类（第一次拟稿）

能量来源			变质类型：总特点	再结晶为主的变质（发生在固相中）	再冻结变质（经过融化）	凝华变质（经过相变有表面迁移作用）
岩石内部能	晶体表面能		晶体固化（接近平衡状态）	再结晶固化	再冻结固化	凝华固化
			聚合重结晶	结合再结晶	结合再冻结重结晶	结合凝华重结晶
	受力状态中的内部的潜能（内应力）	动力变质	同构造重结晶	迁移再结晶；多边形化（再结晶退化变质）	同构造再冻结重结晶（括里克定律）	同构造凝华重结晶（括里克定律）
外能			断层变质	压碎及磨蚀岩化	摩擦及压力再冻结动力变质	凝华逆变质（生成深霜）

20×20=400　　第 36 頁

第五节　冰岩变质作用总述

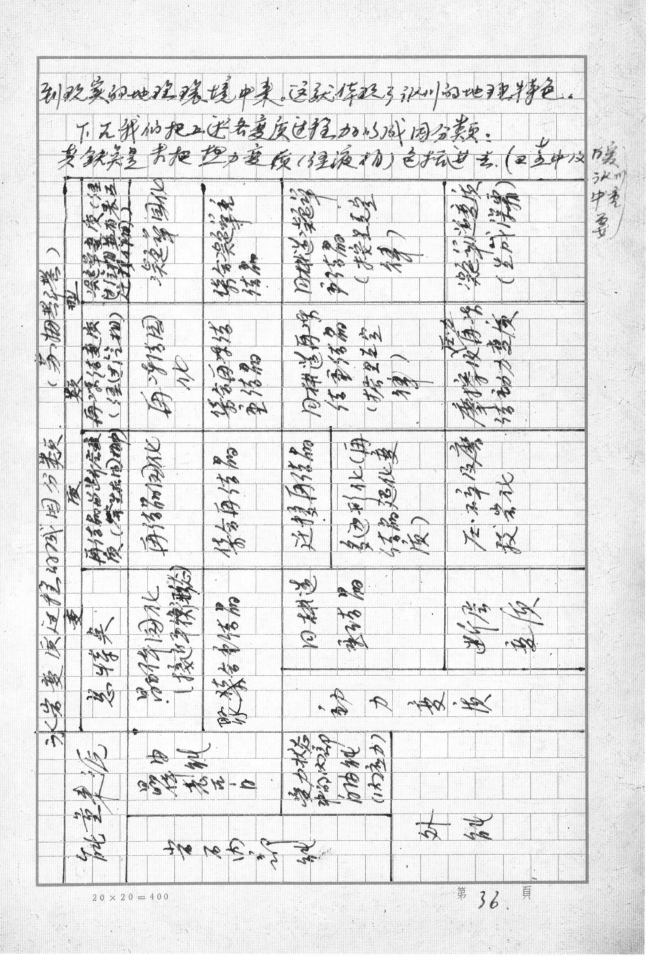

第 1 页

§5. 冰岩变质作用总述

1) 最小自由能定则

$U = \psi + T \cdot S$

① 物质结构要使本身处于平衡，必须使自由能最小，在等温过程中即是使S值增大

② 自由能转为束缚能是通过各种分子过程来进行的，而束缚能为T和S的乘积，故温度愈高则自由能转为束缚能的强度愈大，也即是分子过程进行得愈快，或者说强度愈大

③ 在-70，-72°C时，冰的晶格中各种振动停止，氢的位置固定，氢键固定，物质结构处于最稳定状态，分子过程停止，也即不再发生自由能向束缚能的转化，S值最大。因而这一温度成为"自然结晶（生成）的三相点"，过冷水、水汽以及加热到这一温度的低温冰和"冰玻璃"均立即转化为冰I。

④ 在-70，-72°C以上至0°C的广大区间，过冷水、水汽和冰I可以三相共存，在冰体内部也发生自由能向束缚能的转化，因而这是一个分子过程及相变频繁的区间，温度越高强度愈大。

⑤ 结晶物质有两种形式的自由能，即晶体或晶粒的表面能，物质内部未松弛的内应力（它引起的变质作用叫动力变质）

第 2 頁

2）圆化和重结晶作用.

①、重结晶作用是指固相中、通过气相、液相以及沿晶体表面发生的物质移动所造成的各种重结晶（分子过程），而再结晶专指固相中的重结晶。可以说前者是比较广泛的概念。（但在结晶学中把金属的退火，白云岩、石灰岩变为大理岩叫做再结晶作用，即指固相中发生的结晶改组和晶粒的变粗。而把重结晶理解为晶体熔化或溶於溶液后重新结晶，如食盐溶化后的再结晶。这样，二者就是完全不同的概念，并不是一个广和一个狭的问题了。另外，在一般的科学辞典（如苏联、我国）中二者未加区别。）

перекристаллизация

рекристаллизация (Recrystallization)

② 晶体表面能最小，其理想形态是球体。（水滴表面张力就按此规律把水压成球形，只是水滴受重力影响才不成为球形而偏圆）但实际晶面是定向的，因此是近於球体的多面体。不过差别不大，故把这种力求取得平衡形态的趋势叫做"圆化"。

③ 圆化的实质在于曲率不同的晶体各部分饱和水汽压不同，从而形成水汽密度（绝对湿度）的梯度，曲率大的表面增长，发生凝华，曲率小的发生升华而消失变圆，直至曲率一致为止，分子过程停止。

④ 单晶的发生如表面能的上述调整为缩小比表面积，降低内能（表面能），趋於圆化。在多晶体中，同样过程造成大吃小，力图减少晶体数目，造

20×20＝400　　59.10.4000张（兰印厂3977）5-

第 3 頁

成单晶。这叫"聚合重结晶作用"（Собирательная пере-кристаллизация）

⑤但表面张力（表面能）所造成的上述"固化"及"聚合重结晶作用"不能无限制地进行。据巴德尔研究，只有在晶粒半径为0.1—0.2 mm时，此过程才很快，到1 cm时几乎全部停止。因此，固化与聚合重结晶只对微晶尤其有效。

⑥虽然上述过程以单个冰晶为中心进行，分别此后的粒子仍然排列无定向。

20×20=400　　59.10.4000張(兰印厂3977)5-

3) 再结晶作用（Recrystallization）

不经液或气相，分子直接从一个晶体转到另一晶体或从晶体的这一部分转到另一部分。两晶体的方位因此发生定向推移，温度愈高则愈快（据实验表明，-6°C时为8μ/分钟，-2°C时为14μ/分钟）说明温度高分子运动愈快的理论。移动的方向，也是凸出侵入凹面。

在单晶内凸者吸收转及凹（曲度）面上的分子。

结果是发生再结晶同化，聚合再结晶作用。

4) 升华重结晶作用

① 在俄文中升华凝华同字，气象学上广为应用。苏氏建议用广义升华包括由升华到凝华结晶的全过程，以"重结"一语为能译准。

② 不直接接触的晶体间通过升华来完成分子移动。

③ 在晶面上还有物质移动存在。（在-5°C的石蜡油中置之冰粒，形态变化，此中无任液相水的可能，因石蜡油不溶于水，故只能是晶面本身发生物质移动，它与升华重结晶同时发生作用。

④ 温度梯度的存在有利于热方水汽移入冷方，助长升华重结晶（亦包括同化及聚合重结晶）但这是在温度影响与单纯外力影响下进行的，已属热力变

质范围。

⑤ 温度太大，水汽升华太多或时间保持很久则造成"深霜"层，成为脆弱冰晶，比表面积增加，表面能也增加，使冰岩更加不稳定。此谓退化变质（或逆变质）。

以上是冰中无水参与下发生的再结晶过程。

5）再冻结重结晶作用

① 融水不能是全体冰的融化，否则就是冻结冰而非再结晶冰了。而同时在水和原有晶体上增加结晶。

② 冰晶间薄膜水（薄至接近此水存在）是分子移动的中介。从一晶体上有水分子移入降低浓度，并分再迁移，实现水分子的转移，方向相反。温度梯度存在，热方又多水，变淡，并向此移动，冷方又则水分在晶体上增加结晶（沉淀）。

③ 当融水下渗使冰晶溶化，小的消失，大晶体反而成长。这是热力变质。

6）动力变质作用

① 内应力造成的分子迁移

② 应力自由能反则意味着应力的松弛，松弛即是通过重结晶这种分子过程来实现的。

③ 反则是受力小的晶体或晶体部分吞并受力大的晶体和部分（并非大吃小）

A. 同构造重结晶作用。

① 是指一些随形变而生的重结晶作用。

20×20=400

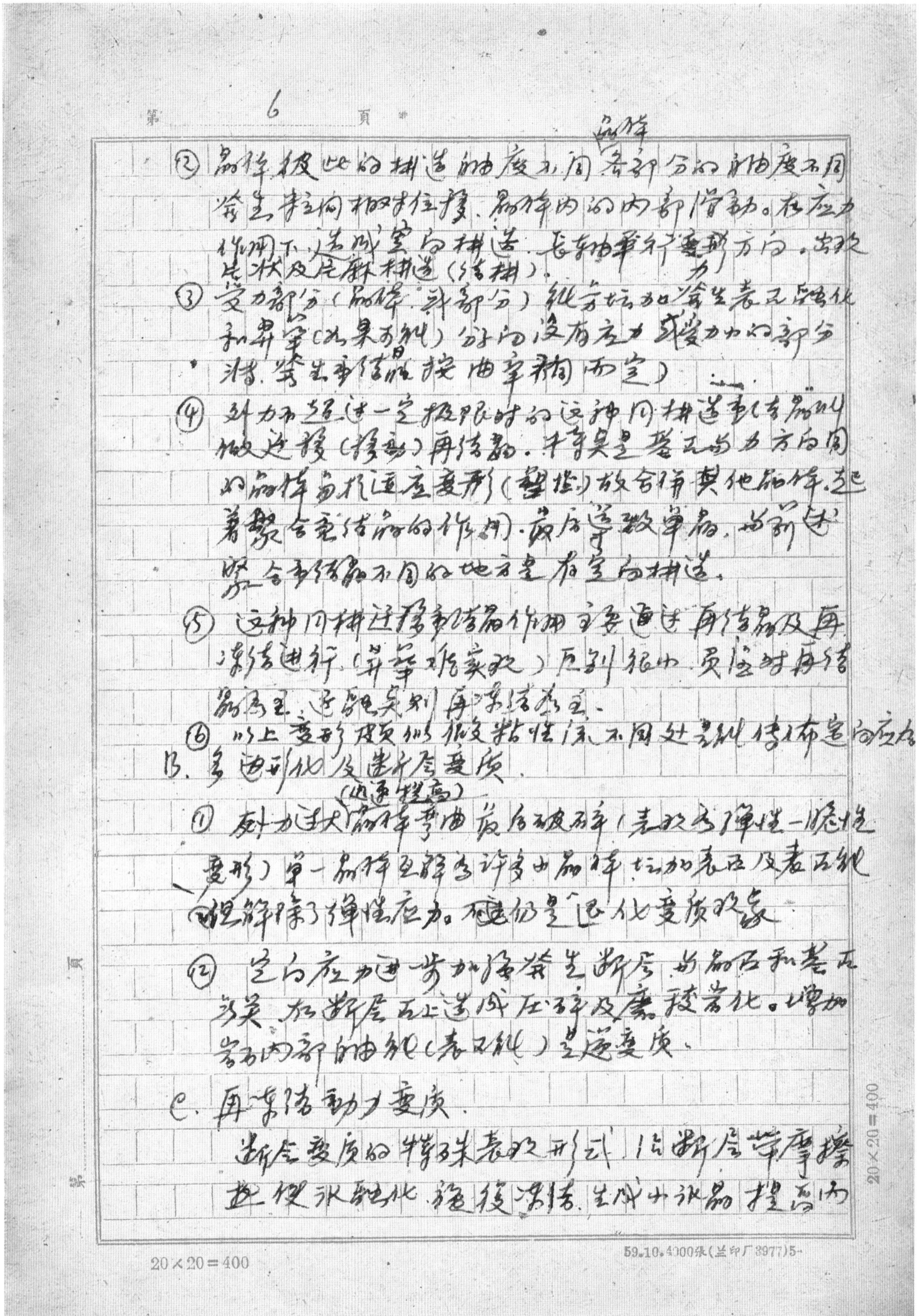

第 6 頁

② 晶体彼此的构造轴度不同，晶体各部分的轴度不同，发生粒间相对位移，晶体内的内部滑动。在应力作用下，造成定向构造，长轴平行于主应力方向。出现片状及片麻构造（结构）。

③ 受力部分（晶体、某部分）能量增加，发生表面活化和升华（如果可能），分子向没有应力或受力小的部分迁移，发生再结晶（按由晶格而定）。

④ 外力不超过一定极限时的这种同构造重（结晶以）做连续（移动）再结晶。特别是垂直于应力方向的晶体易于适应变形（塑性），故会使其他晶体起着聚合再结晶的作用。最后导致单晶，与所述聚合再结晶不同的地方是有定向构造。

⑤ 这种同构造移动结晶作用主要通过再结晶及再冻结进行（并举难实现），区别很小，寒冷时再结晶为主，温暖则再冻结为主。

⑥ 以上变形颇似假粘性流，不同处是能传布定向应力。

B. 多边形化及断层变质（迅速增高）

① 剪力迅速增大，晶体本由应力破碎（表现为弹性—脆性变形），单一晶体分解为许多小晶体，增加表面及表面能，但解除了弹性应力。这仍是退化变质现象。

② 定向应力进一步加强，发生断层，如晶面和基面滑动，在断层面上造成压碎及糜棱岩化。增加岩石内部的自由能（表面能），是进变质。

C. 再冻结动力变质

断层变质的特殊表现形式：沿断层带摩擦热使冰融化，随后冻结，生成小冰晶，提高内

20×20=400　59.10.4000张(兰印厂3977)5-

第 7 頁

部分由粒状的压碎多边形化及深霜生成的一种过程。（不少人认为是结晶冰因受应力造成的。

冰川本身.

1. 冰变质分带性

2. 在时间上变质分带性

3. 自然变质直接涉及成冰过程，动力变质涉及到冰川运动。由于地理条件不同（水热状况不同）冰川的成冰过程及运动，除了受非地域性的物理规律控制外，在岩石学方面及冰的结构上反映了地带性规律，这是我们必须加以注意的，即是说从抽象到具体。

第____頁

20×20=400

20×20=400　　59.10.4000张(兰印厂3977)5-

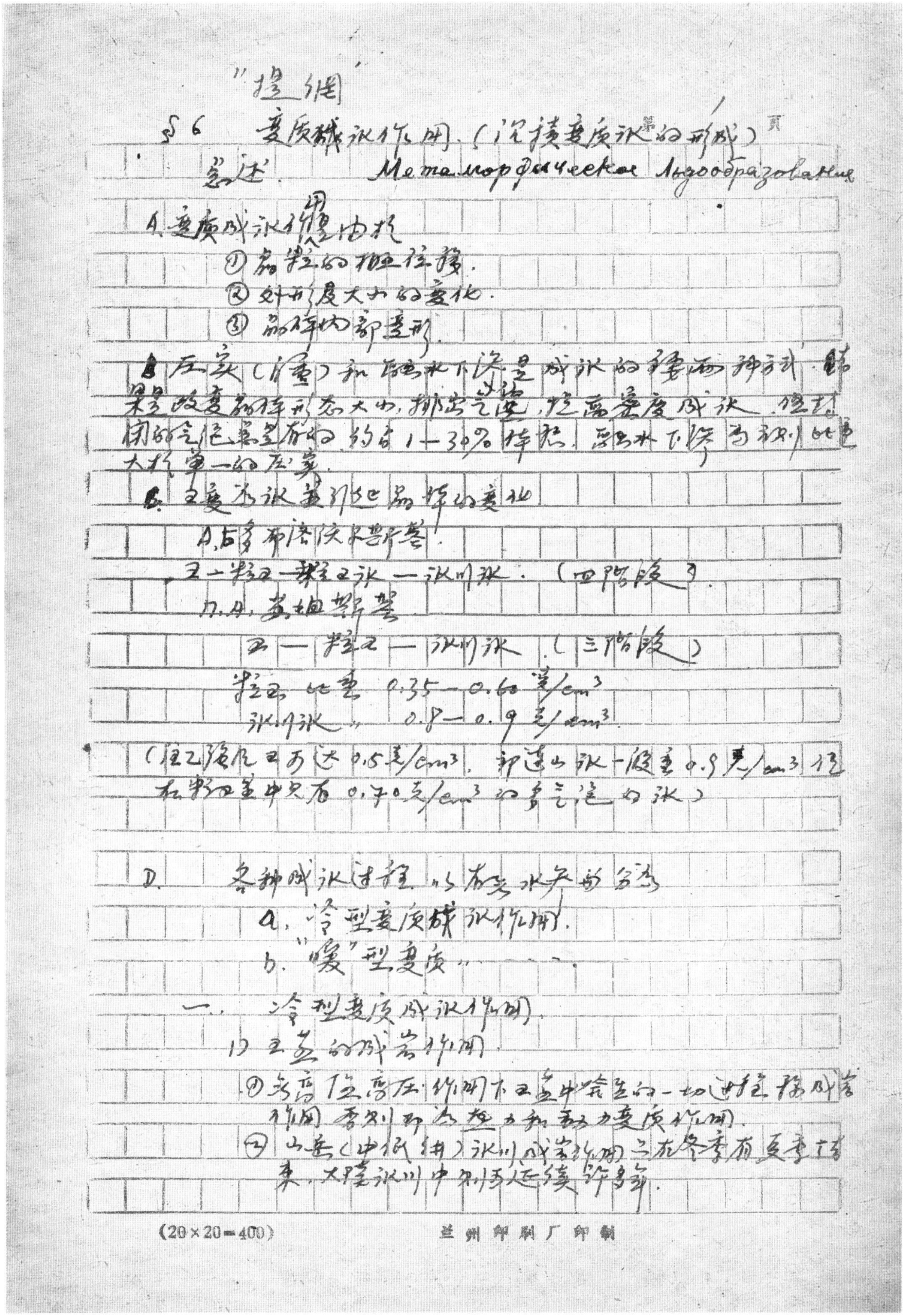

"提纲"

§6 变质成冰作用（沉积变质冰的形成）　第　頁

总述　Метаморфическое льдообразование

A. 变质成冰作用由于
① 晶粒的相互位移
② 外形及大小的变化
③ 晶体内部变形

B. 压实（沉重）和融水下渗是成冰的主要两种方式。结果是改变晶体形态大小，排出空气，提高密度成冰。但封闭的空气总是存在的，约占1—30%体积。融水下渗的作用则比之大于第一的压实。

C. 主要为冰晶引起晶体的变化
A.占多布洛茨基学派
雪—粒雪—粒雪冰—冰川冰。（四阶段）
П.А.舒姆斯基学派
雪—粒雪—冰川冰（三阶段）
粒雪比重 0.35—0.60 克/cm^3
冰川冰 〃 0.8—0.9 克/cm^3
（但已经压可达0.5克/cm^3，新造的冰一般重0.9克/cm^3，但在粒雪盆中只有0.70克/cm^3的多气泡的冰）

D. 各种成冰过程以有无水分为分类
a. "冷"型变质成冰作用
b. "暖"型变质……

一、冷型变质成冰作用
1）主要的成岩作用
① 为高位高压作用下雪盆中发生的一切过程称成岩作用，主要为热力和动力变质作用。
② 山岳（中低纬）冰川成岩作用只在冬季有，夏季结束，大陆冰川中则持续许多年。

（20×20=400）　兰州印刷厂印制

第六节　变质成冰作用（沉积变质冰的形成）

③ 决定雪变成冰作用的前提条件.

④ 这些前提决定着在雪变中要发生 a. 沉降压实 b. 升华重结晶. 其他不重要.

⑤ 二者起初互相促进而相矛盾. 沉降压实减少水汽扩散与粘性, 不利升华, 升华造成深霜, 减少粘性, 不利沉降. 且垂直压力为1.1公斤/cm². 侧压力为0.1—0.2公斤/cm². 内聚力为一切雪中最小的, 只有89—179公斤/m², 易生雪崩(在坡上). 但总的来说压缩居主导地位, 重结晶不是拥有一段时间结果是粒大雪的特性.

⑥ 雪的沉降有 a. 逐渐地 b. 突然地塌陷, 因为深霜层.

⑦ 高纬海洋性气候雪多且稠湿, 利于沉降压实.
冷而少雪(大陆性)利于升华.
山坡利于升华, 山脚多雪利于沉降压实.
冰川上冬季逆温, 指向大气, 有利于升华.

⑧ 成冰后期, 沉降压实走向反面, 不能再进行压实, 因为粒雪很硬了, 升华同化而结束. (不够普遍)

2) 冷型粒雪化作用.

① 上部雪层隔绝了温度的变化, 对下层雪施加压力, 下层雪的演化发生质变. 温度按格陵兰中部资料, 深度5m, 温度变化为表面1/10 (表年温差35°C), 9m深为1/40, 18m深为1/1000, 温度为-28.68°C, 恒定不变, 向下梯度很小.

② 再结晶居主导地位.

③ E. Sorge (1935) 资料, 格陵兰7m处粒雪完成, 以下全为粒雪. 粒雪形成的标志是一切雪花形状全部被压碎消失. 此后的压缩沉降全靠塑性压缩, 很慢, 产生同样重结晶作用.

3) 冷型成冰作用.

① 压缩. 同样造成再结晶. 粒雪比重0.5—0.6. 封闭了通气孔, 能传布压力, 内压力增大于大气压力, 内部产生塑变.

② 粒雪粒径1mm (格陵兰15m 1.5T.), 冰粒径3mm, 格陵兰90m, 南极110m.

③ 其推测成冰密度为0.8克/cm³. 其主要特征是冰粒径大(1—3mm), 各向均匀(长宽比为1:2), 主轴垂直主向. 晶界不清楚. 冰晶具有树枝状气孔气泡, 可达12—13%体积.

④ 冷型冰呈层状, 块状结构.

二、"热"型变质作用　　表面

① 融水参与的成冰很强烈，主要是冰上融水
② 下部"冷贮备"发生再冻结作用。
③ 融水以 A. 毛管水 B. 重力水 存在。
④ 分为 融化渗浸层、中间层、再冻结凝结层
⑤ 有隔水层才能产生径流（见下）

1) 粒雪化过程

① 这种因为"暖"层水的压力为 15.42/5 毫克/mm² 促使融水向中部集中，再冻结之即使雪粒的原形丧失，成粒雪。
② 粒雪和新雪 发生强烈沉降，比干粒雪快6倍，密度增加很快。
③ 大晶中 聚集结晶发生作用
④ 主轴垂直层面，与热流传送方向有关，（当热多向异性？）但还不清楚。
⑤ 0.35—0.60 比重，它形状排道，各部半分别 多为直作形的，夹角近于120°，空隙占5—10%（他无为空孔）

2) 成冰作用

两种作用而成

① 粒雪沉降及同排道重结晶
② 融水的浸透与冻结。（很重要）（冰上）

冻结　A. 如果融水充满孔隙，而下部（冬）"冷贮备"又足以使之全部冻结（在隔水层上）则成冰作用几乎全为后者，粒雪化时期很短促。（大陆性冷冰川）

沉降　B. 如粒雪融化及冻结均不能完成时，融水仅浸润粒雪颗粒，成冰作用主要靠深处的沉降压实，因此如果融水不足则压实是在冷粒雪中进行的，如果融水丰富而冷储不足则成冰压实是在"暖"粒雪中完成的，此时融水贯穿全层并在裂隙中流动。前者为冷冰川，后者为"暖"冰川。在后种情况下成冰作用都很慢（粒雪厚）（海洋性冷冰川）

暖粒雪沉降　~~[illegible]~~ "暖"粒雪中沉降时可塑性很大，能沿坡滑动。"暖"粒雪沉降的能力比冷粒雪快20倍。"暖"粒雪有移动（有膜水）故受的应力小，在粒雪沉降较为同排道重结晶作用。并且由于移动及差别拉张，表层粒雪的定向（垂直层面）排列在深层被破坏。在成冰之前在20m左右已无定向可寻。

B. 冷粒雪有很大的冷储，倘使下渗水再冻成"冰箔"结核，可穿过冰壳深入数十cm；并能在表层吸收凝结水成冰壳（南极）。冷粒雪的冷储能因放出冷而增高粒雪密度，关系式为：

$$\Delta\delta = \frac{\delta c t}{L}$$

δ……冰之比重（粒雪）　　c……冰的比热（0.5卡/克·℃）

t……〃〃负温值 ℃　　L……融化潜热。

融水停止下渗后冰层（粒雪）"冷储"足以使全部水冻结时，其数值取决于粒雪的持水能力，即取决于含水的多少。

颗粒大的粒雪持水能力小。

粒雪下伏层的构造影响作用（有定向应力）

C. ①活动层的厚度和粒雪层厚度之比，对渗浸成冰作用的速度（融水发生渗透层）影响很大。所以到该层在活动层中以上的年代的长短，时间愈长受到反复融冻的次数愈多，在不冻的地方形成冰，粒雪生长很大。

除①冷储外 ②粒度也

Alps山活动层中年令只能停4-5年，冬季冻结弱，故粒雪生长很慢，粒度很小，一季后的粒雪为0.5–1mm，而4-5年的仍只1-2mm。反之在大陆冰川因为冬季冷到-30—-35℃（冰很厚）"冰储"很大，故一季之后粒雪即因融水冻结而长到5-6mm，有时直接成冰（冷渗成冰）。

在"暖"型成冰作用中 苏联学者分出两种类型的冰

① 渗浸冰（一再结晶的）《инфильтрационно-рекристаллизационный лёд》

② 渗浸冰 《инфильтрационный лёд》

中间类 инфильтрационно-конжеляционный лёд 后期出现柱状构造半自形

§7. 冰川的温度状况 (Г. А. Авсюк)

H.W. Ahlmann 是首先研究人关于冰川温度的测量，1935 提出的冰川的地球物理分类，主要即温度分类。

1) Temperate glaciers
2) polar glaciers
   a) High-polar 高极地
   b) Sub-polar 亚极地

Nival climate (Нивальный климат
снеговой климат)

III 3　　NO.8

§6 变质成冰作用（Метаморфическое льдообразование）

雪盖变质形成真正的冰川冰是一个漫长过程。这些过程的最后结果是使多气孔的疏松的新雪变为不透水、气的冰晶组合体（多晶）。这种变化首先是晶体间的位移（压实），其次是晶体形态大小的差异变化，第三是晶体的内部变形。

雪盖的压实的作用在于排除空气增加密度，这主要是在雪盖的自重压力下发生的过程。但在春天融水丰富的情况下，下渗融水的冻结也起很大作用。在压实及冰融水冻结充塞的过程中，总有一部分空气来不及排除，结果就形成冰中的气泡，它们是粒间的，约占总体积的1—30%。此中主要是下沉压实则气泡愈多，主要是下渗水冻结则大多数空气被挤出冰层。

雪变为冰不仅密度发生变化，而且晶体的结构形态也发生很大变化。正是基于这一点，很多人早就注意到应当划分出一些中间性阶段来。A.Б.多布洛沃尔斯基早指出（1923）“最初的雪就变为小颗粒的粒雪，也含有大量空气，颜色不大白净。当转为更大的粒雪时，就更为光洁了。然后变为粒雪冰，最后才成为真正的冰川冰，冰粒愈大愈纯”。

据多氏的说法，粒雪冰的特点是由透明的冰粒组成，冰粒间有不透明的冰充填连接，颇似砾岩和砂岩。而真正的冰川冰则纯由粒状冰晶组成，并无充填物，犹如大理

20×20=400　　第 37 頁

岩。这种关于粒雪冰的提法流传颇广。但是，要想在粒雪冰和冰川冰中划分严格的界限则是十分困难的。因为凡是能称作冰的坚固的冰体都是由大小不同冰粒（晶）所组成的。究竟是什么冰粒填充物还是被充填是难于划分，要划分也只能是勉强和人为的，缺乏科学根据。如果说按先后次序理解，粒雪冰比冰川冰年轻，那只能是变质作用的结果，和冰川冰只有数量上的差别而已。因此我们同意苏联学者的看法，在沉积—变质冰（冰川冰属此类）中只可以分出三个成冰阶段，即新雪、粒雪、和冰。（此外需指出，一般文献常有"粒雪冰川"的名称，其含义即由粒雪冰形成。根据上述原理则也无实际意义。另外一般流行把"粒雪冰"和冰斗冰川和冰帽冰川等同更是不合理的。一方面它们成因颇有区别被混淆，另一方面冰川都是冰组成的，否则只能称为雪堆了）。

"粒雪"一名起源于德文"firn"，这指隔年保存下的雪。显然，时间的概念在此不是主要的。在不同的自然条件下变质过程的速度极不一样。粒雪的基本特点是它取得了球粒的形态，消失了大气中降雪所具有的原始的晶形（六角晶、树枝状冰晶、柱状、针状）。粒雪和冰的不同则在于粒雪中连通的空孔消失，形成封闭的气泡。冰的特点在于它的坚固微密不透水汽。根据这一原则，密度并不是绝对的

20×20＝400　　第 35 頁

第六节　变质成冰作用（沉积变质冰的形成）

可能标准。在某种密度范围有共存的现象。大体说来粒雪比重约在0.35—0.60克/cm³左右，而变为冰则密度一般在0.8—0.9克/cm³左右。（前述积雪层时层雪比重不过0.5克/cm。而在祁连山大雪山20号冰川粒雪盆中我们测到0.70克/cm³的冰，其中气泡极多。）

按照上述则可把雪盖的变质成冰过程分为三个基本阶段

① 雪盖的成岩作用阶段

② 粒雪化阶段（造成粒雪）

③ 成冰作用阶段（造成冰川冰）

在多种多样的成冰过程中最主要的差别取决于在变质过程中有无液态水融冻现象参与作用。据此可以分出两种基本的成冰作用类型，即①冷型变质成冰作用和②热型变质成冰作用。前者的变质过程主要取决于升华凝结及再结晶作用，后者则主要在再冻结重结晶作用的控制之下进行其变质过程的。下面分别来叙述这两种变质成冰作用过程。

一、冷型变质成冰作用（Холодный тип метаморфического льдообразования）

1) 雪盖的成岩作用

成岩作用系指雪在气象因素的影响下雪盖中的

20×20=400　　第35頁

发生的一切过程。因为高温造成融化水，高压破坏了它的原始结构，都属于变质作用的范围。成冰阶段的主要特点是保持着沉积岩的主要特征。在山岳冰川上这一阶段只能保持到冬末消融季节开始时中断。只有在大陆冰川内部，成冰作用可以延续许多年直达冰岩（沉积冰岩）很深的下部。

决定着雪盖的成冰作用的有这样一些前提条件：

a. 一般温度近于融点，因而有较高的饱和水汽压力，冰晶也具较高的可塑性。

b. 孔隙度大而且贯通，使水汽得以循环转移。

c. 晶体的比表面积大（凝华结晶时形成，大气中）

d. 晶体接触面积小，故各个晶体有很大的移动自由。

e. 大气中生成的雪晶是在水汽过饱和条件下形成的，在落入雪盖中饱和度则达饱和，故会使得雪晶的形态不稳定

f. 雪盖上部常存在着巨大的温度梯度，而且经常变化，促进水汽在雪盖中发生移动，凝华结晶受到很有利的促进。

这样一些前提条件决定着在雪盖中必然要发生的一个过程，即凝华重结晶及压实（沉压）。其他过程也能发生但

20×20=400　　第40頁

不关紧要。例如，冰晶接触点上可能发生再冻结和再结晶。但再冻结只有在接近0°C时才有巨大的作用，在负温时晶粒的接触处反而易于发生机械的破碎。再结晶之所以作用不太显著因为接触点太小，另外在差别性挤压时，接触处受到破坏。

压实及凝华过程在雪中彼此密切相关。最初极大的孔隙度对两种过程均有利。凝华固化最先发生，它有力地促进了冰晶在雪盖中发生相互的滑动和旋转。但是更进一步发展则此二过程在一定程度上彼此就矛盾了。压实作用使孔隙度减小故直接使凝华过程变弱。但是凝华过程增大冰晶也是使压实过程变弱。因为颗粒愈大则增加雪的粘性，因雪的可塑性（流动性）是各个雪粒的可塑性的总和，颗粒愈小愈多接触点愈多则可塑性愈高，反之如颗粒增大雪粒减少（单位体积）则必然提高粘滞性（降低了可塑性）。

压实及凝华过程的对立是十分明显的，以致在条件有利于其中之一的发展时，另一过程可以完全被抑制。压实为主时使雪层密度很快增加，但雪粒大小维持原状。凝华为主时则使晶体的规模迅速扩大而密度不变，结果是使雪盖变成疏松，并最后发展到是凝华强发展，造成“深霜”层或“雪流砂”。

20×20＝400　　第 41 頁

冰晶很大但极脆弱，非常往高不利于塑性流动（压实沉降），由于结晶主轴垂直雪层抗压强度可達7.1公斤/cm^2，但侧方抗压强度只达0.1–0.2公斤/cm^2，内聚力是一切雪中最小的，仅为89–178公斤/m^2（它和大颗粒雪及冰粒之间的内聚力），故极易发生雪崩，是"危险层"。

雪的沉降压实有两种方式：①一般方式，逐渐的雪粒相互差别移动的过程，造成不破坏冰晶结构；②突然塌陷，发生震动破坏原始的雪晶结构，空气迅速被挤压出来。后一种情况多出现在新降积雪形成的雪盖中，尤其是内部出现疏松层时，当上部新雪积到一定厚度，疏松层承受不住重压，即发生塌陷式的沉降压实。

有利于雪盖主要作沉降压实方向发展的条件是海洋性气候降雪多而温度较高的地区，因此时雪盖存在较大的压力，另外在接近融点时雪的可塑性加强而易于沉压。有利于凝华重结晶固化过程发展的是低温降雪较少的地区，大陆冰川具备这种条件。在同一次降雪中，上层有利于凝华固化（粒雪化），下层有利于沉降压实。在山坡坡脚雪堆积很厚有利于沉降压实，而在坡上雪层有利于凝华固化（粒雪化）。在雪层内部存在着温度梯度时（一般在冰川是由下而上），水汽由下部将移有利于凝华固化的发展。这种水汽移动

20×20=400　　第42頁

第六节　变质成冰作用(沉积变质冰的形成)

数量很大，碎粒首先被逐渐消除，是冰盖内部物质再分配的主要过程，力求保持整个冰盖的热力学的稳定以及和外界环境的平衡。但是凝华固化最终在上层冰的压力下仍要让位于压实沉降作用。因而在冰盖的成岩阶段中总的趋势是指向压实，密度增加，同时冰粒变大。

在成岩作用的后期，压实沉降达到饱和的极点，冰晶间接触面加宽并变厚，增加位移、滑动的困难。冰晶的凝华固化亦基本结束，让位于集合凝华结晶过程，即"大吃小"的规律开始发挥作用。同时由於上层压力增大，同样凝华重结晶作用及冰晶内部变形亦开始发生作用。

2）冷型粒冰化作用（~~Холодный тип метаморфического льдообразования~~）

冷型粒冰化作用乃是上述成岩过程的进一步继续，但却是在另一种条件下的继续。它与成岩过程的主要区别在于它是发生在雪盖深处的过程。上部新冰对它的活动有十分重大的影响。一方面新冰隔绝了近地层空气气温变化对深层冰的影响，另一方面更主要的是它对下层冰施加愈来愈大的压力。这就使冰盖的演化发生重要的质的变化，开始了变质作用。气温变化的影响深度，按格林兰中部的资料，在冰和粒雪层中年温差振幅在大于5m深处即减弱为表面的1/10（表面年温差为35°C），在9m深处则只为表面的1/40

20×20=400　　第43頁

而递至18m深处只相当1/1,000而已。在这里温度为−28.68°C，实际已恒定不变。新雪的不良导热性使雪盖内温度在很浅的深度即停止变化。

上层新雪的压力使下层雪的密度随深度增加，空孔愈狭而曲折，内部水汽循环不畅即透气性大减，另外由于晶体并接减少晶体成容易接触的表面形状。其结果是升华及凝华作用大受抑制，加上上述温度梯度缩减以至极弱亦有巨大影响，因而凝华重结晶作用在几米深处即大大减慢然后就完全停止。代之而起的是再结晶作用渐居主导地位。

E. Sorge (1935) 在格林兰中部阿伊斯米特研究站（3,000m以上）魏格纳考察队（1930–31）的工作发现在雪盖压实随深度密度增加的曲线上，在七米深处出现显著的转折，在此以上、以下雪的密度的增加都是直线。相对来说，过此深度后密度加大的速度迅速减低。在以上雪的压密（实）速度为0.017克/cm³·年，而在其下则为0.005克/cm³/年，只及上部速度的30%。这就是说压实过程本身发生了质的变化。其解释是，在七米深以上由于凝华重结晶而出现许多疏松层（多在每次降雪的顶板以下），这些疏松层在上部新雪的压力下逐步被破坏，破坏时发生突然的震动塌落，在格林兰此塌落往：波

20×20=400　　第44頁

及数百公里，有如雷鸣，人们均能感觉出来。空气被突然挤压出来，有如喷息声。在七米深处，一切疏松层均被破坏完了，密度达到0.49克/cm³，压力为0.3公斤/cm²。因而在七米以下压实作用只能通过塑性压缩变形来实现。粒雪化阶段就此完成，其主要机制是破坏~~开始，在结合重结晶及升华迁~~同时升华迁移的疏松层重结晶~~再结晶作用的胶合作用下~~。冰晶的形态逐渐改变，原有消失了大气中带来的雪花形（尤其是骸晶）晶形，成为球状的粒雪。在上述情况下，七米深处的年层分代为九年，即九年之后已变为粒雪。（据E. Sorge 1935）

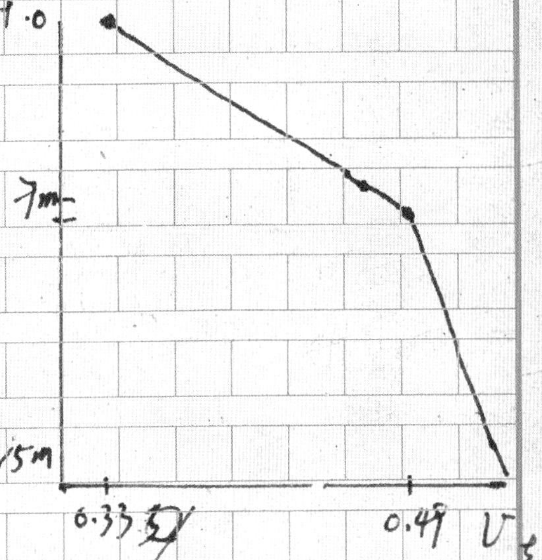

这是冷型成冰作用中粒雪化阶段的期限。

3) 冷型成冰作用。

冷粒雪成冰过程的进一步演化是靠粒雪的压实及再重结晶。冷粒雪比重为0.5—0.6，变形调节的机制除粒间相对滑动外，很大程度上还有沿晶体内部滑动而产生的塑性变形以及破碎，因而在粒雪的再结晶过程中从一开始起，同构造再结晶（主要是迁移再结晶）就起很突出的作用。由于冷粒雪的晶体较大，集合再结晶和同化作用起的作用不大

20×20＝400　第45頁

同样这过程再结晶对晶体的定向有很大影响。在斜坡上发生流动及剪切应力时，发育出晶体的定向构造。但冷成冰作用多在大陆冰盖，而这里是与较缓坡度的晶体的差别运动仅受垂直压力的影响。积雪表面及粒雪层至少有20米的厚度范围内不能传播静压力（虽然垂直压力大于侧压力）但由于含孔隙的粒雪层在每一点上抗变形能力不同，因而变形的结果是使空孔受到全面压缩（有如静压力）。空孔逐渐在晶体彼此压接的过程中封闭，并在压力下缩小体积，其结果是该气泡具有高于该水平位置（海拔高度）的大气压力。这样，气泡获得了传播压力。在格林兰此位置约深11 m，此处垂直压力为0.5公斤/cm²，容重为0.53克/cm³。

冷粒雪的粒径一般是很小的。在格林兰阿伊斯密特站表面15 m粒雪均为1 mm直径，罗斯冰障10米左右最大也不过直径为3 mm。一般说来晶体都比通过凝华重结晶而变粗的冰晶为小。

粒雪变为冰的标志是全部空孔的封闭，而封闭于冰中的空气泡和冰一起继续受着同样的压力，此后一起发生变形。粒雪的厚度据过去资料在格林兰最厚达90米，南极为110米。苏姆斯基推测冷粒雪变成冰时，其密度

20×20＝400　　第46頁

第六节　变质成冰作用（沉积变质冰的形成）

不大于 0.8 克/cm^3。

由冷粒雪压缩及再结晶而成的冰，叫做原始重结晶冰，其结构特点是颗粒小（1–3 mm），各向均匀（长宽比约 1:2），主轴有垂直定向性（在细薄片显微镜中认为是竖直定向排列的），冰晶之间界限清楚。和其他许多冰不同，它含有的空气泡体积最多，绝大部分以树枝状、網状的形式出现，是粒雪空孔的残余，含于冰晶内的气泡则相对较少。前者的气压近于正常大气压，后者则压力极高。前者可达冰岩总体积的 12–13%。

无论是冷粒雪还是压结再结晶冰来的冰岩，其结构是隐层状结构或者块状无层理。

二、"热"型变质成冰作用（теплый тип метаморфического льдообразования）

和冷型变质成冰作用根本不同，对"热"成冰作用来说液态水积极参与了成冰作用。这就是说在整个成冰过程中经常处于三相点的温度，水的三态在此发生着频繁的变化，再冻结起着主导作用，因而迅速地改变着冰岩的一切性质。不过，除了水之外，沉降压实及其他粒雪的变形过程在此也存在，唯进行方式全然不同于上述。而水的凝结和蒸发也和升华过程（包括凝华）会合并到一起。从而使过程复杂化。

冰岩重结晶作用中主要的水为冰融水（其次的再

20×20=400　　第（6）頁

冻结重结晶作用）。除此之外，雨水、从下或侧方渗入雪盖的冰融水，以及最底层有低云和雾中的过冷水滴（雾滴）也有一定的作用。

雪盖的消融如果热源来自大气或凝结的水汽（潜热）则自表面开始。如果热量直接来自太阳辐射，则表层厚10-20 cm深均同时发生消融。消融发生的唯一的条件是进入消融层的热量必须大于向下层雪传导及向天空逸散的热量。因而冰川雪盖只有在空气温度升高到-5°C时才能发生辐射消融。而当空气极为干燥时则热量将耗于升华吸热，以至气温达+15°C时还不出现消融现象（称"冷[illegible]"）。

下层雪在消融开始时温度为负值，它的消融是靠上部渗入水冻结放出的潜热来进行的。因而并不是任何消融都会造成冰的消耗。对于多孔隙的冰雪（雪盖）来说，消融影响的强弱主要取决于消融强度、延续时期，还有冰雪的层位结构（透水性强弱）以及融水径流发生的条件与可能性（坡度最重要）。

融水在雪层中可以两种方式存在，即毛管水和重力水。毛管水是在消融较弱及气孔较小的情况下存在，而重力水则是在消融较强气孔大于毛细管直径时存在。在毛管水的作用下发生消融水的渗浸，它沿管壁

20×20＝400　　　　第 48 頁

第六节　变质成冰作用（沉积变质冰的形成）

伸延，只因它方向不受重力影响。重力水在雪层中向下（渗透）。在它的作用下雪层分为三带，类似土壤。上层为融化层（淋滤层），其融水尚有多余的热量向下渗透继续融冰（一般在无直接日射时，上层融水温度为0.2－0.5℃。消融强烈时上层达+4.1℃，但5cm以下即降为0.5－0.7℃，而在5cm深则已0.0－0.1℃。一般解释为表层雪水被烤热的结果，有的则认为是透入的辐射使雪的空隙中的空气加热的结果）中间存在一过渡层，再下则为冻结层。因“冷贮备”大，重力水在各层中的作用不一样。在上层是使物质搬移，使冰雪结构趋均匀，使雪冰壳（间层）消失。而在下层则相反，首先在融水作用下显现出隐层理，而后按照各层各段落的不同密度、“冷贮量”、导热性及透水性而发生构造分异，即是说使不明显的差异变明显以及造成更大的构造差异。

当存在隔水层（岩石、埋冰）以上的冰岩的孔隙（雪盖、粒雪）全部为重力水所充满时，静水压力才开始发生作用。由于消融强度、延续时期不同，坡度不同，表面形态起伏不同，可以出现坡面径流、河床水流及伏流。如果这些径流都不发生，则上述融水下渗只不过引起同一层中物质

20×20＝400　　第49頁

（下层或次再一层结晶冰或表层是一层结冰）
结构及构造变化而已，各個层的物质并不损耗。

1）粒雪化时期

其实，雪花从大气中降落时就常常发生再冻结变质作用了。这是因为当它降落时雪花在雪花外缘发生融化，这种湿雪的枝上常有颗颗的小水滴，而雪球就是靠它们粘结起来的。在冻结之后，其形变圆并常成比较牢固的连生晶体，不过一般还保持着原来的结晶形态。这种原始晶形的消失是靠包围着雪花的水膜冻结起来冻结之后完成的。这就形成粒雪，形态浑圆。因而暖型粒雪化作用主要是再冻结圆化作用，这在伴随消融时进行得很快。雪花的边棱、顶角之所以先融化是由于它们的融化温度低（比中部），主要的是有更大的比表面积。包围冰晶的薄膜水的表面张力对冰晶有一种压力，它等于 $\frac{15.42}{r}$ 毫克/mm^2（r为曲率半径，以mm计），这样就使水向中央集中。由于融化温度不同，尖顶处的融化和凹下处的冻结方同进行。

再冻结圆化与单纯再冻结圆化作用不同之处在于它一下子就消灭了一切原始晶形及其原有构造，造成几乎全是球形的冰晶。

圆化的结果除了改变雪的粒径外，并发生很强的沉降，因为粒子半径缩小，彼此靠拢，中间的孔隙存在的支

20×20＝400　　第 50 頁

粒被消失。本来是冻结在一起的晶体被水膜分开，因而湿雪成为很松的个体，粒子易于移动，大大排除空隙。在表面发生消融时，20cm的新雪每昼夜沉降速度为原始厚度的50%，大于"粒"雪6倍。其比重在12小时增由0.15增到0.25克/cm²。（粒雪要三天才行）。

与圆化和沉降同时，开始会再冻结重结晶过程，使大晶体生长，晶体并发生定向排列。这也是和圆化一样是由于大小晶体曲率半径不同及比表面积不同造成的。小晶体不稳定被大的併吞。实验证明这种过程可以在温度保持0°C，无须温度变化即可进行。（1890年就经Emden试过，把均匀粒的雪封入密闭的容器中，温度保持0°C，首先见它变为细粒雪，然后就成核桃一样大小了）

Perutz及Seligman（1939）测定粒雪的主轴是垂直于表面的。在表层这种垂直定向很显著，只有在14m深处，稍现偏離。这种定向既不能来自新雪，也不能来自冰川运动（粒雪层上），更不能来自沉降过程，因粒雪大小相等，而格受等把它归诸于热力梯度方向，并认为完善的定向排列取决于粒雪经受的[illegible]的次数。舒姆斯基更认为这种定向排列也不可能来自结晶时的载荷偏

20×20=400　　第51页

态。因为在再冻结颗粒中较大的晶体也会相互挤压的晶体生长的现象。唯一存在的是一些晶体的融化及另一些晶体的同等程度并且或许是全面的生长。其相当于以为这是冰晶导热性各向异性之所致。但我认为他（即主轴垂直于热传导方向的晶体）依晶体按压力来的结果。不规则的雪和粒雪结构中导热性的各向异性有多大意义以及一开始就比较大的晶体为什么能有这种主轴垂直于表面的性质，这两个问题还是不清楚的。这需要进一步研究。

新粒雪冻结后容重为 0.35—0.60 克/cm^3。

在上述暖型粒雪化作用中，下渗水在下部遇"冷储备"大的层时发生冻结，这就是暖型成冰作用。这样形成的冰与冻结（冰）冰的唯一区别只在于，在它冻结的过程中已经有了成形的冰晶作为其重结晶的中心。

新形成的再冻结粒雪为他形结构，主轴垂直于层面。有些地方有半自形结构表现，在晶体接触处为直线形界面，夹角以近于120°为主。粒雪中部分空隙被封闭，新形的次生成气包体（气泡）的特点是分布在冰晶之间，多为球形、长形或不规则形态，还带着过去空隙分枝的遗迹。在冰晶体中的含球形的自生（熔体中生成）气泡很细小。其总体积（气泡）占冰总体的5—10%，空气压力与大气压力相

20×20=400 第 52 頁

第六节 变质成冰作用（沉积变质冰的形成）

进。

2）成冰作用

再冻结粒雪通过两种作用形成冰。

① 粒雪的沉降及同时重结晶

② 融水的渗浸与冻结。

在不同情况，各种作用地位，以至绝对排斥另一方。

如果夏季消融可以使年层大部分融化，而冬季冻结当时的"冷储备"又足以使融水全部重新冻结，则成冰作用将几乎全仗渗浸及冻结作用，而粒雪化时期只经过一很短的过渡时期，全部成冰过程可以在一个季节中完成。

如果融化或冻结都不够强，则在粒雪化之后渗浸过程只不过稍微使粒雪变致密而已。粒雪由沉降而压实的过程不断进行而在下消融季节并伴随着渗浸加密作用。但即使这种共同作用效果也不大。此时成冰作用在很深的地方通过沉压来完成，那里已不再发生由上而下的渗浸水的冻结作用了。~~如果深处渗浸加密的条件是由于冬季"冷储"不足消融不足~~（这就意味着成冰作用是在负温条件下完成的，也即是在冷粒雪中完成的。如果深处的渗浸加密是因为冬季冻结不够"冷储"不足，则成冰作用是在融点时通过压沉降形成完成的，也即是在"暖"粒雪中完成的。融水此时穿

20×20=400　　第 53 頁

过"暖"粒雪层继续沉冰中的裂隙及进送流动。在两种情况下成冰作用进行都很慢，并且融水的渗透和冻结愈弱则成冰作用进行得愈慢。

"粒雪的沉降及同构造重结晶作用"

再次结粒雪的首次沉降与雪花的圆化有关，此后的沉降过程既可以在"暖"而有融水的情况下继续，也可在冷而冻结的条件下继续。在冷冻条件下粒雪的沉降和冷型成冰作用中的沉降没有什么大的不同，唯一不同之处在于，在"暖"型成冰作用层中的粒雪中除压缩外还有剪切应力和沿坡向下的移动。在"暖"而有融水时，粒雪的移动与沉降与雪中发生的过程相似，由于有水膜包围粒雪，故即使在密度很大时，粒雪也具有很大的构造自由，因而粒雪的沉降或沿坡的下滑都靠粒雪的相对位移（滑动及转动），可塑性很大。

在Alps 滨文山处的有融水粒雪比重0.4克/cm³，一层在之向下沉0.23米的厚度，比格林肯用增压力同样密度的粒雪的沉降速度快20倍。夏季100日粒雪加密0.12克/cm³（从0.40—0.52）。如果粒雪中出现渗浸冰，则下沉速度逐步减少，以致比粒雪还小几倍。

由于有融水存在于冰层易滑动，故应力并不长期集中在

20×20=400　　第54頁

某些晶体上而使之融化并使其他受力小的晶体增大。因而在沉降压密中不出现晶体因简构造重结晶而扩大的现象。由于运动作用（滑动、差别移动）表层粒雪的定向排列在深层被破坏，在14米深已经变乱，在23米深（即成冰之前）已经无定向可寻。

"暖"粒雪变成冰之前所经受的强烈的构造变化是晶体定向的变乱（差别移动）融水渗浸及冻结造成的加密及晶体变大。

"融水的渗浸与冻结"

在秋季及冬春期消融时在融化层下水在空孔中立即冻结，部分或全部封闭空孔，形成粒雪层或冰（消融冰壳）。消融冰壳以下的松软积雪中可出现"冰瘤结核"，这是穿过冰壳渗入数十厘米的融水冻结的产物。造成这种情况的条件是深层雪的"冷储备"很大。低云或雾经过极冷的雪面时，也发生过冷水滴的冻结在雪面上形成冰壳，其现象与此类似。南极冬季雪层中的薄冰层即是这样形成的。

冰岩依靠本身的"冷储备"使下渗水冻结增加本身密度为：

$$\Delta\sigma = \frac{\delta c t}{L}$$

σ——为冰岩比重，　c——冰的比热（0.5卡/克·℃）

20×20＝400　　　　第 55 頁

t……冰岩负温值，°C

L……融化潜热（约80卡/克）

例如密度为0.50克/cm^{2}的冰岩在−10°C时，融水加热到0°C，本身的负温将使融水冻结增加密度

$$\Delta\delta = \frac{0.5\text{克/cm}^3 \cdot 0.5\text{卡/克°C} \cdot -10\text{°C}}{80\text{卡/克}}$$

$$= \frac{-2.5\text{卡/cm}^3}{80\text{卡/克}} = 0.031\text{克/cm}^3$$

故密度为0.531克/cm^3

进一步冰岩的变密只能在融水下降运动停止之后依靠冷流从上或从下方输入冷量冻结来进行。如果冷气贮备足以全部使下渗水冻结，则其加密的极限取决于该冰岩的持水能力。而持水能力决定于毛细管现象，这和粒雪的密度有密切关系，和毛细孔隙的大小等條件有很大关系。在粒雪化及成冰过程中，随着晶体规模的增长及其重的增加，毛孔规模加大，但冰岩的孔隙度减小，因而持水能力迅速降低。在同粒雪中当其粒径大於2-2.5mm之后，毛管水已不能完全充满毛孔，它们孤立地残存在毛孔壁上和晶体接触界面上。因而对这种冰岩来说，持水很少，故当融融水下渗停止之后，粒雪的冻结并不能增加多少

20×20=400　　第56頁

重量。只有在夏天消融很强，粒雪生长时才发生密度增加的过程，在冬天是没有这种密度增加的可能的。

融冻现象在夏天在雪表层里反覆进行的，大大有助于粒雪变大及密度增加，而下层雪则因融冻作用不剧烈故密度及粒径的增加很慢。

除冷传剧烈外，活动层（融冻水发生冻结的层）的厚度及其与粒雪年层厚度的比例对渗浸成冰作用的速度有很大影响。在瑞士大阿列契冰川上游粒雪年增加为3–5 m厚，寒冷温度波可达15 m深，因而粒雪在活动层中总共要停留4–5年，并相应地经受着4–5次年间的融冻交替的作用。在斯匹茨卑尔根岛的伊扎克森高原，粒雪年积累40 cm，寒冷温度波伸延可达10 m深，因而粒雪要受25次的融冻交替作用，相应地要受到很大的冰粒增长及渗浸加速的影响。如果此处粒雪年积累减至15 cm，则在5 m深度单靠渗浸粒雪即可变为冰。（Sverdrup，1935）

由于在Alps，粒雪在活动层中停留期很短，冬季冷传也较弱，故粒雪的生长很慢，一個季節过后平均粒径为0.5–1 mm，而4–5年后仍只1–2 mm。相反地，在寒冷地区，雪层可冷至−30～−35°C，在全部夏天从下部都有

20×20=400　　第 57 頁

强大冷流上升，故粒雪在关系上的一個消融季节中即可达5–6mm直径，有时更大，并直接变为冰。

如果粒雪层下存在不透水的冰层，则下渗水不能流失，而储充满全部粒雪层，造成"白泥浆"，有如湖泊，冰面溢流出现，冰晶此时彼此完全不相连接。这种现象在各纬度均有，但以极地冰川表面最发育。它们冻结后立即成冰。

融水下渗的冻结主要取决于冬季冷却程度，如果温度很低，则第二年融化水下渗很快被冻结，以致其后消融都只能是在当年的新冰上进行。

根据不同的自然条件，苏姆斯基又把变质成冰作用分为如下几种类型。

① 渗浸—再结晶冰作用。 这是一开始再冻结粒雪先后受到渗浸加热作用（同时粒雪增大）而后又受到沉降及同构造重结晶作用最后形成的冰。但是，即使这两种作用同时进行，而以后者居优势，最后形成的冰也是一样。（同构造重结晶作用在冷粒雪中是再结晶作用，而在"暖"粒雪中是再冻结作用。不过二者造成的粒雪和冰的构造差异至今知道不多，所以不好在冰岩分类中把它们分开）。这样形成的冰就叫做渗浸—再结晶冰，它的冰晶是定向

20×20=400　　第 55 頁

排列呈他形粒状构造。其晶粒较小，直径约4—10mm。这种冰的比重为0.82—0.84克/cm³。其气泡（封闭）体积为8.4—10.5%。其气泡的典型特点是有複什的分枝，它们是粒雪孔隙的残余。（气孔被隔断封闭）。另外也有较小的球形、长形及不规则气泡。渗浸—再结晶冰的分枝气泡和前述冷挤再结晶冰气泡不同在于气泡很大，~~并~~且晶粒的~~较模糊大而较大~~：即晶粒愈大则气孔愈大。由于在封闭中受到压缩压力稍大于大气压力。

② 渗浸冰 （这是再冻结粒雪通过快速的渗浸成冰作用，即在冰洞层（不一定连续）上融水贯满粒雪的空孔，又迅速冻结而成的冰。在此过程中沉降及粒构造重结晶作用~~甚大作用~~很小。）渗浸冰的特点是有定向排列的他形粒状构造。它在冻结中既有自发结晶也有典型的定向生长或的水自发结晶的特点，因为它有既存的粒雪作为结晶中心。粒雪颗粒的大小相应地决定着成冰层冰颗粒的大小。如果成冰作用所在的层位反复受到溶洗和缴粘式的冻结作用，则冰晶可以通过多次再冻结重结晶作用而长大。渗浸冰粒径最大者有2—2.5cm，而最小者不过0.5—1mm。由于渗浸冰有晶粒大小的差别，故此种冰中有层次，各层不同甚至第三层中也有

20×20=400　第59頁

层层出现。

渗浸冰的冰晶多数由垂直于层面，但也有不垂直层面或甚至平行层面者。这是由于受原始粒雪结构影响所致。不过渗浸方向仍是前者。此冰中的气泡也呈定向分布，在快速冻结时，气泡常从一点向四方伸延而后很快地向上方或下方（取决于冻结方向）这样就形成由一点出发的一束柱状或纤维状气泡。这是渗浸冰的气泡的特点（在祁连山冰川上见到过）。虽然偶也存在许多圆形或不规则形状的气泡，是粒雪中的空孔被渗浸水封闭或被冻结封闭的产物，都很大。一般在融水冻结时，气泡由上浮分别在坚实的层下聚集，故在渗浸冰中气泡很集中，一般是在每层的顶板底下及冰壳底下形成气泡集中层。如果空孔很大，所存的气泡可能是扁平的，反映出静水压力。

在Alps及比利牛斯山，在一个消融季节中至少一次地变为冰，而渗浸冰的比重在这些地区一般为0.9克/cm³，但随着粒雪多少不同，渗浸冰的比重有差别。一般平均为0.88—0.89克/cm³（气泡体占3—4%），极端值为0.86—0.905克/cm³，其气泡体分别为1.3—6.2%。气泡的压力接近于大气压力。

20×20=400　　第60頁

渗浸冰的最高比重 0.9—0.905 克/cm³ 是由它的一种变种造成的，这就是渗浸-冻结冰。它是在强烈消融时期，渗浸层直达不透水层使粗粒粒雪表面并使粒雪局部融化，而后经过冻结形成的冰。此时由于粒雪间存在更多的水，故在冻结结晶时，新晶体下向生长的选择作用，不过结晶时间太短促，不能延伸太长，故其定向排列的整齐程度与渗浸冰无大差别。但由于下向生长的趋向，冰晶顺生长方向有显著的延长。因而渗浸-冻结冰是粒状半自形-粒状结构，类似快速结晶的冻结冰，区别只在于它的晶体规模很大。

直向生长

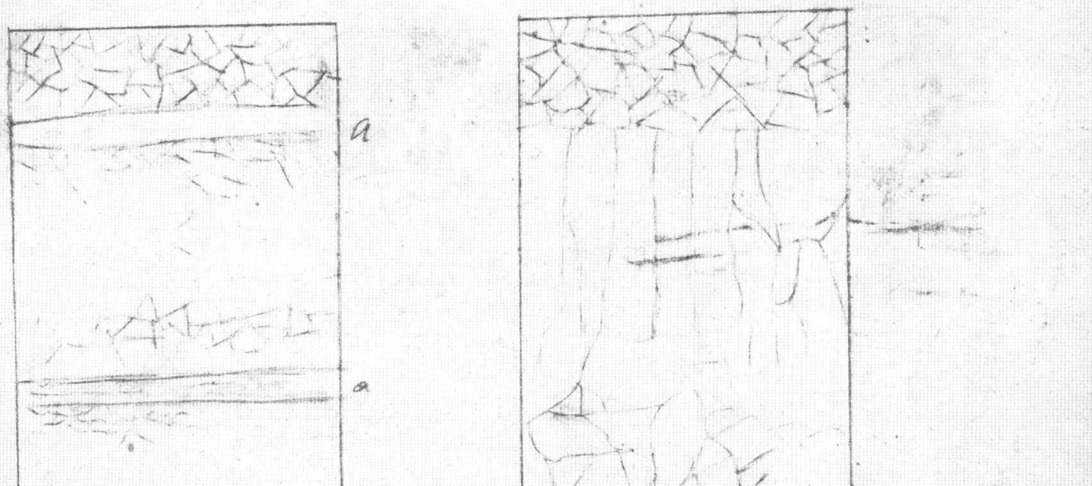

A 渗浸冰 见渗浸层在其层顶部

B 渗浸冰中的渗浸—冻结冰夹层（柱状）

渗浸—冻结冰在渗浸冰中不连续出现，是因一冰层消融不均匀造成的。因而在冰芯中以团块或透

20×20=400　第 61 頁

镜体出现。在一个消融季节中，这种由上部补给来的渗浸—冻结冰其柱状晶体可长7cm，横向直径4.5cm。

总的来说，"暖型"变质成冰作用造成的冰层具有成层构造，其中可交替出现渗浸—重结晶冰、渗浸冰、渗浸—冻结冰，有时还有流水冻结冰（表面或内部融水汇流造成），它们各自的构造不同。如果成冰过程中渗浸作用愈大而沉降作用愈小，则形成的冰的层状构造愈细微愈明显，其密度也愈大，也即含气泡愈少。"暖型"成冰作用造成的冰的成层性明显的次要原因之一是在融化层表面有泥土之类的污化物质积聚起来（融化层是一道滤器）

20×20=400　　第62頁

第六节　变质成冰作用（沉积变质冰的形成）

1)“[illegible]的[illegible]”

20×20=400　　第　　頁

"最小自由能原则"

任何物体依照热力学第二定律均力求达到平衡状态。在平衡状态时 $U=\Phi+TS$ 式中 TS 最大 Φ 最小，亦即束缚能最大 自由能最小，作功的可能性降低以至停止。封闭体系中（等温过程）U 值不变，体系由不平衡进入平衡状态必须使 Φ 将变为 TS，即自由能变为束缚能，因温度不变即增加熵 S 值，使体系处于最大概率状态。在等温过程中 $S=\frac{Q}{T}$ 故温度愈高则体系内自由能转为束缚能提高熵 S 值的程度愈大。而这种转变是通过分子过程来实现的。在冰的晶格中在 −70，−72°C 时质子热振动已经停止，因而 −70，−72°C 可看成是冰的再结晶（recrystallization）温度，高于此温度不可能存在非晶质冰和玻璃冰。此温度亦即"自然结晶三相点"和过冷水凝结温度的下限。这就是说在此温度以上到 0°C 均是冰进行再结晶作用的范围。

结晶物质的自由能有两种形式：1）细晶体或碎片的表面 2）物质的内应力（未松弛的应力）。对于冰来说当然也不例外。

20×20＝400　　第 20 页

No.9

III 4

在1948～1949年，沙尔普（Sharp）在馬拉斯平冰川的上部的上西瓦尔德冰川对冰和粒雪的温度进行了观测，观测点海拔1，791米，粒雪深18.5米，其下的冰厚达670米（地震测得）测量冰的温度最深达622米。测得結果是，第一、七月中旬，冬季的冷气在粒雪中全部消失，第二、冰的温度为0°C。

1948～1951年，法国极地考察队在格林兰工作，維克多（Victor）和喀約（Cailleux）对这个冰盾的冰层温度进行了观测。在冰蓋的西部（69°N）和中心（70°54′N，40°42′E，d）打了125米深的鉆孔。与理論推測相反，冰层温度並不向下遞增，而是相反的向下遞減。在冰蓋中心16米深处为－27°C，而在125米深处为－27.7°C。在冰蓋西部海拔1，598米处与前述相应深度的温度为－12°C及－16°C。研究者認为这种温度反常是由于过去年代气候比現在冷的緣故。

§7 冰川的温度状况（分类）

由上述可見，資本主义各国百余年来对冰川温度的研究是逐步由低緯推向高緯，由山岳冰川轉到大陆冰蓋的。多次測量冰川温度給冰川学積累了大量的資料，阿尔曼在这些材料的基础上提出了冰川的温度分类。他把地球上形形色色的冰川分为两大类，即极地冰川和温带冰川。极地冰川以負温为其特点，但隨着深度的增加而温度逐漸提高到冰蓋的最深处，它可以达到融点。温带冰川則除了它的表层有可能在冬季冷却到零度以下外，其底部的冰层在全年都处于零度或位于融点。极地冰川和温带冰川的最显著的区別就是在于前者表面有巨厚的粒雪层（往往可达100米）而后者却只有极薄的粒雪层。阿尔曼的分类还没有考虑到冰川的复杂性，虽然他的分类比过去是大大推进了一步，但它的缺陷仍是十分严重的。下面我们就将分别来介紹这方面的情况，并对不同的观点采取批判的态度。

一、决定冰川温度状况的基本因素

冰川是特殊气候条件下的产物，这种气候有人叫做冰雪气候。其实，

～69～

这是十分籠統的概念，产生冰川的气候也是各具特色的。在不同的气候条件下，冰川的温度状况是不一样的。这种气候的影响，一般表現出强烈的地带性，可以叫做地带性因素。除此之外，影响冰川温度状况的还有非地带性因素。总結起来，按 T · A · ABCDE 的意見共为五种原因。即：

1. 气温和辐射条件（包括日照和坡向因素）
2. 补給区中大气固态降水的数量，积累的特性和成冰过程的特性，
3. 粒雪层中产生的融水数量，以及粒雪层对冰雪融水的滲透性、滲透深度。
4. 冰川冰流动过程中下降的高度。
5. 冰川中冰的流动特点。

其他还有一些內外原因引起的冰川温度的局部改变，但正是由于这些改变是局部的，所以是无足輕重的。

上述五个决定冰川温度状况的因素中，前三个是地带性的，主要由气候决定的，后二个則是非地带性的，是冰川本身所处的状态，首先是运动状况所决定的。

关于地热对冰川温度的影响，經常被人們提到，不过，关于它对冰川温度的意义却存在着不同的意見。有人認为，这种影响很大，每年由地热向冰川底部供給的热量可以使7－8cm的冰融化，由于自下而上的不断的热量傳播，可以使整个冰川的温度升高。这样就造成了冰川随深度增加而温度提高的情况，德里加尔斯基，並用这一观点来解释，格林兰島某些地方冬季冰盖下部仍有径流的情况，認为底部融化是地热引起的，因而不受季节限制。另外一些人則与此相反，他們認为冰川发生在十分寒冷的地表上，在冰川未形成之前，地壳表层已經經历了长时期的冷冻，因而地热影响冰川温度是談不到的。两种不同的观点是这样明显，究竟誰是誰非必須用直接观测的資料証明。但这种直接观测至今仍未进行，我們只能从間接的資料来推論。唯一可以作为冰下融化及地热影响証据的是冬季的冰下径流。但是，冰下径流不能認为全是由地热融化引起的，它也可能是夏天

~70~

渗入冰碛内的融水，在冬天仍不断流出，在中亚及我国西部山地冰川，冬季如果存在冰下逕流則多半是属于这一性质的。野馬山老虎沟19号冰川在1958～59年冬季就曾出現过这种情况。那是一次暂时的流水，可能是夏天阻塞的水突破了缺口造成的。阿夫修克的意見認为地热对冰川的溫度影响是微不足道的，每年只能融化0.5cm的底部冰层，談不上对整个冰川体溫度影响有重大意义。

㈠ 关于气溫对冰川溫度的影响是很容易理解的，物体总是力求使本身的溫度与外界一致，当不一致的时候就要发生热交换。从这一总的观点来說冰川体的溫度总是反映着当地的气溫状况。极地冰川一般就比低緯冰川冷得多，如前所述，极地冰川溫度常在零下負二十至三十度，有时更多，但如溫带的阿尔卑斯山的冰川則多在0°C。由于气溫是不断变化的，而这种变化又有周期性，因此冰川的溫度变化也有周期性，日周期变化所影响的深度約为1m左右，而年周期变化影响的深度約为16m。这是理論計算的数字，但多次測驗証明这是与实际情况符合的。不过，由于冰川的具体情况不一样，年周期影响的深度約在15～20米之間。这样一个变溫的表层，我們把它叫做活动层，它灵敏地反映着气溫的变化。它和低层大气經常进行着热交换，力求达到平衡。这种交换是靠分子热傳导和热輻射，而主要是前者。我們这里不談冰融水的影响（以下再談）。由于冰的导热率很低，（0.0051～0.0053），而它的表面常复有雪（冰川上的情况），雪的导热率更低（0.0003～0.0008）这就使大量的热积聚于冰雪的表层，使它上升到零度，並产生融化現象，引起另一种热交换形式的出現。单純靠分子傳热冰川只允許15～20米的表层接受气溫变化的影响。这在南极大陆冰川上是占統治地位的热交换形式，因为长期低溫缺乏融水，热交换主要靠分子傳导进行。

太阳輻射对冰川溫度的直接影响較小，根据H.H.喀里金（1929）的資料，穿过15cm深的雪层，輻射減为8%，40cm則減为5%

，70Cm則全部消失。如果雪是湿的，則減低更快，如乾雪10Cm以下倘有20%的表面輻射量，湿雪則仅为2.4%。尤其还应該指出，輻射綫中的紅色部分和热輻射部分穿过冰雪的力量十分微弱，根据奥尔松的資料伊扎赫森冰原粒雪层中6～8Cm深处热輻射減少50%，20Cm則減少80～90%。根据奥尔德斯塔德的計算（在斯匹茨卑尔根島东北）：粒雪层五米以下仅有1%。紫外綫的穿透能力約为十米。但是，对冰川温度影响最具有决定意义的是紅光和热輻射，它們的穿透能力既然十分微弱，这就使冰雪表层大量吸收它的能，迅速加热，並导致融水的出现。

由上述分析可見，冰川表层吸收空气热量和輻射热量的能力是很大的，后二者对冰川温度的影响首先通过对表层冰雪的加热来实现。

日輻射在地球表面是不均匀分布的，緯度的高低、坡向、坡度都使輻射分布不均匀，无疑地，这就影响到冰川所在地区获得能量的多少，温度随之变化，冰川也依此改变着自已的温度状况。

(二) 冰雪融水在冰川上出现与否及其数量和冰川活动层的滲透性，对冰川的温度状况具有十分重要的意义。

上面我們已經談到由于冰雪的很低的导热性和透光性，使大量的空气热量和太阳輻射尤其是热輻射集中于冰川的表层，迅速加热而出现融水。融水在重力作用下沿着粒雪层的孔隙下降，由于下层粒雪保有很大的冷气儲备，它可以把下滲的融水冻結起来，零度的水在轉为零度的冰时放出大量的結晶热，一克的水冻結时放出的潜热足以使一百五十六克的冰普遍提高一度。这样，就大大提高了底层粒雪的温度。冰融水不断下滲又不断冻結，伴随着粒雪温度的上升，一直到粒雪层中的冷气儲备消耗完，即全部粒雪层温度达到零度为止。如果空气和太阳輻射供給的热量不足以抵銷粒雪层中的全部冷气儲备，則冰融水只能停留在表层粒雪中，底层的粒雪仍在零度以下，它只接受上层已經升温的粒雪的分子热傳导的影响。这种影响是微弱而緩慢的。

~72~

第七节　冰川的温度状况(分类)

如果冰川的全部粒雪层及活动层都允許冰雪融水下渗（有冰間层則不能）則整个活动层将表现为零度，活动层以下的冰也将为零度，因为它是活动层变成的。这需要滿足一个条件即粒雪层厚度必須等于或大于活动层的厚度，即大于15～20米。

如果冰川表面粒雪很薄，补給区的薄薄的粒雪和雪在入秋冻結时全部轉化为冰，（我国祁連山冰川，天山大多数冰川都是如此）則冰雪融水将沿着冰面形成冰面逕流把大量的热带走，不經由下渗的融水把热量交給冰川下层的冰。当然，由于冰是結晶体联合組成的，結晶体彼此縫合的地方分子能量最大，容易实现物态的轉化，它允許冰雪融水沿此下渗，但深度是十分有限的。只有在十分有限的深度內，冰融水的再冻結可以促进冰层溫度的升高。在融水十分充足而坡度不大的冰川表面也可以形成一个融化层，它是由零度的冰和水所組成的，可以把它叫做【冰浆】，在它之下是浸水层，周期受冰雪融水影响而变化溫度，更下面則是乾冰，它的增溫全靠分子热傳导。祁連山的冰川就是如此。天山的情况也如此。阿夫修克把这一层受冰融水作用的冰层叫做【融化壳】，並指出它的厚度一般只一米，最大二米，它只出现于夏季，这与祁連山的情况完全一样，在这种情况下，活动层的溫度除融化壳外都靠分子傳导增溫，因而溫度增高很弱很慢，冰川冰溫度将更多地反映冬季溫度的特色，即低溫的特色。祁連山的冰川就是如此。

㈢ 补給区中固态降水的数量，积累的方式及成冰过程对冰川溫度状况也有十分重大的意义。如果固态降水多，粒雪层厚，当年的降雪不立即轉变为冰，（海洋气候如阿尔卑斯山即是如此）这就給冰雪融水的下渗提供了广泛活动的可能性，就有可能出现整个冰川体除表层外常年为0°C的情况。与此相反，如果降雪不多，而且蒸发流失很大，当年剩余的粒雪在入秋冻結之后就全部轉化为冰，則冰川表面基本为冰所組成，冬季低溫冷却，夏季冰融水不能深入冰层，加热困难，在这种情况下，冰川将具負溫的特点。

成冰过程中除了上述有冰雪融水参加的而外，还有在乾燥状况下进行的，在这种情况下粒雪层十分厚，全年气温极低，甚至根本无正温出现。这对冰川的温度将十分接近于该地的年平均温度。南极和格林兰中央就是这种情况。

(四) 冰川冰在冰川流动过程中的落差是决定冰川温度状况的非地带性因素，是极为重要的因素。

从物体运动和能量轉换的观点来說，冰川的运动，尤其是山岳冰川从高处向低处的运动，是一个把冰川体潜在的位能轉为动能的过程。假設，冰川冰的质量为M，在重力g的作用下从上向下降落的垂直高度为h，而它实际上沿斜坡走过的距离为d，这一斜坡（冰川床）与地平线的交角为α，冰川运动的速度为v，如果，位能是全部被利用于搬运冰川体，那么，我们就可以获得如下的等式，即：

$$Mgh = Mgd\,\mathrm{Sin}\alpha = \frac{MV^2}{\alpha}$$

我们假定冰川迁移的距离(d)为100米，斜坡倾角为15°左右（$\mathrm{Sin}145^{\circ} = 0.25$），当位能全部轉化为动能时，冰川运动的速度将如下所示：

$$v^2 = \alpha \times 98\,\mathrm{M/sec} \times 100\mathrm{M} \times 0.25 = 4{\cdot}900\mathrm{M}$$

$$v = \sqrt{4{\cdot}900}\,\mathrm{M} \doteq 22\,\mathrm{M/sec}$$

由上述計算可见，当冰川只运动一百米时（落差实际只有25米），理論上它所应达到的速度即为每秒22米，也就是說每昼夜将达到一千九百公里。

但是，冰川中冰的运动速度根据已知的最大值为每昼夜37.5米（格

~74~

林兰島的尔湟羅克冰川測得数字）。至于一般的冰川，每年也不过几百米，祁連山的［七一］冰川每年只运动16米（中央最大运动速度）平均每昼夜不过45厘米。这种相隔天渊的差别究竟是怎样造成的呢？大量的位能既然没有轉化为动能，它又轉移到什么地方去了呢？回答很簡单，这就是因为冰川在运动过程中还作着大量的其他的功消耗了大量的能量，使上述大量的位能轉化为其他的运动形式。首先，冰川运动需要克服外摩擦和內摩擦，克服二者就必須作功。作功的結果就消耗能量，但被消耗的能量按能量不灭的原理又轉为其他的形式，而最后都归結为热。如冰川底部摩擦造成暫时融水，这种融水冻結就放出結晶热並把后者傳交給冰川床（岩石）及冰川底部冰，提高它們的溫度，如果造成的融水竟形成逕流的一部分，这样就散失热量，最后归于大气之中。冰川的运动伴随着冰川冰結构和构造的破坏和重建的过程，无論是机械能結晶和破坏最后它們都以热的形式出現提高冰的溫度。

如果不計算用于冰川位移的能量，則可把位能轉化为热的有效作用係数当作为1，这就是說一切能最后都以热的方式表現出来。这样，我們就可以实际計算冰川冰运动所应产生的热量。

据理論計算，每公斤物质下降四百二十七米作的功可生热1公斤卡洛里。冰的比热为0.5卡洛里。因此冰川冰运动下降427米就可以提高2°C，或者是每下降100米提高溫度0.47°C。这只是一粗略的計算，不是十分精确的。

由于冰川床加热、融水散失热量于大气等的影响，並不是除花于运动之外所有能量最后都变为加热冰川冰的热量的。因而，位能轉热能的有效作用係数一定不会等于1。如果按1/2来計算，冰川因运动而增温就将是十分可观了。根据Г·А·阿夫修克的观测，实际数字是接近1/2的。当然，不同的冰川数值应該是不一样的，但差别不会太大，一般均可采用

~75~

1／2来計算。这里应該說明，冷暖冰川虽然运动速度差别很大，但它們消耗的能量都是十分微少的，故可略而不計。

根据計算，南伊勒尔其克冰川（天山最大的冰川）的落差为3，000～3，500米，冰川运动生出的热量将使冰川增温达7～8.5°C，大多数天山的冰川的落差为1，000～1，500米，温度将由上到下提高2.5°～3.5°C。祁連山冰川可能更要小些。大陆冰盖的中心比边緣經常可高出了3，000米，因此，边緣的冰川冰温度也应比中央高出7～8°C。冰川运动引起的冰川冰温度升高，平均等于大气温度垂直递减率的一半。

当然，上述計算都不是精确的，而只是近似的，但冰川冰因运动而增温很多則是毫无疑間的。

㈢ 上述計算都把冰川当作是运动性质相同的物体，实际上冰川运动在不同的部分情况不一样，边緣和中央不一样，上层和下层也不一样，有的速度快，有的速度慢，有的可塑流动显著有的块状和片状流动显著，凡此种种都影响冰川温度分布的不均匀，单从运动引起的冰川冰增温現象就可以看出这一点。不过，应該說明的是，由于冰川运动很慢，温度差别是可以通过傳导逐渐平衡的。这些因素全都属于非地带性的。

关于冰川冰由于运动而增温理論上容易証明，但实际观测資料很少，究竟冰川温度状况中气温、辐射、融水运动等因素各占比重如何，我們还难說出具体数字，尤其不同的冰川比重更是各不一样的，这有待今后进一步展开实际研究工作。

二 现代冰川的温度类型

前面我們探討了决定现代冰川温度状况的几个最主要的因素，其中包括地带性因素和非地带性因素，非地带性因素即动力因素对各个地理地带的冰川影响都是一样的，因此，尽管它影响很大，但却不是决定冰川温度状况的最根本的原因。决定冰川温度状况的仍然是地带性因素。

～76～

第七节 冰川的温度状况（分类）

地带性的某些综合表现就是冰川的各种成冰过程，成冰过程基本上决定了冰川的温度特征，因为它是冰川在具体的地理条件下水热状况的直接反映。成冰类型根据Г·А·阿夫修克和П·А·苏姆斯基的研究可以分为五种，即：1）乾燥极地型或再结晶成冰类型；2）湿润极地型或再结晶——渗透成冰类型；3）湿冷型，或寒冷渗透成冰类型；4）海洋型或温暖渗透成冰类型；5）大陆型或渗透冻结成冰类型。现在我们就来分别谈谈在不同成冰过程下冰川冰的温度状况。

㈠ 乾燥极地型冰川的温度状况

在这种冰川中由于冰的形成没有水的参与作用，是靠再结晶进行的，因而冰的温度状况基本上决定于大气的温度情况。考虑到再结晶成冰类型的冰川表面有很高的反射率，同时其本身的辐射特性亦很强，因此，在冰层中就形成了极地低的負温，它比地区許多年平均气温还要低。冰雪結晶及沉降产生的能量能够稍許提高冰雪本身的温度，但它是十分微弱的，它不能抵銷活动层热量的支出，（如冰面輻射）。在春夏时期产生的平流热，固然也可以使冰雪面稍許增温，但和前述一样，它也是无关大局的。

在冰川的表层經常看到温度偏离平均温度的情况，但最高温度也还是負温（即使表面也是如此），而且从来不会达到零度。随深度增加，温度較差很快减小。在20米以下，即一般活动层以下冰雪的温度趋于常年不变温度是近的負温，其絕对值低于地区的多年平均气温。

在春夏之交表层冰雪温度高于下层温度，逐渐把冬季的温度成层性变为[illegible]状况。秋冬之間則与此相反，把夏季的温度状况变为冬季温度状况。下层的冰温度状况与上层冰温度状况不同，它也表现出某种温度的季节变化，但这种变化刚好与表层冰的状况相反。在春夏之交，上面的冰反而比下部的冷，在秋冬之交則相反，即上面的冰比下面的冷热。这种情况的发生是由于热量傳播季节愈向下面愈推迟的緣故。在这层冰以下，冰雪温度不再发生季节变化，也不随深度变化而变化，这就是說进入了真正的

~77~

恒温层。而前述的情况是活动层温度变化的情况。

这样，按上述特征就可以把乾燥极地型冰川的温度分为三个层，即：表层、中层和深层，各层状况不相同。由于缺乏实际观测的数据不能准确地划分它們的界限位置，但大致可以說，表层和中层都位于活动范圍。

上述情况发生在冰川的补給区内，冰川冰无明显的运动。因为，冰川运动就会因动力原因而提高冰的温度，这一点对于任何成冰类型的冰川都毫无例外地适用。但是，冰川的运动影响于冰川的温度是取决于前者本身。乾燥极地型的冰川多位于两极大陆冰川的中心，那里一般来說在短距离内地势变化不大，冰川的流动很慢能量不大，因而对冰川冰温度的改变不大。只有在大陆温度型的冰川中这种影响十分复杂而且重要，因此为避免重复計，我們在这里不准备多作探討。

关于这种冰川温度的絕对数值可以作如下一些介紹。在南极中心，苏联建立的东方一号站（距海岸640公里）测得12～15米深处，粒雪温度年平均为－47.4°C。共青团站（距海岸860公里）相当深度粒雪年平均温度为－53.9°C，东方站为－57.3°C，那里記錄到的絕对最低气温为－80°C，这是世界上真正的冷冻中心。由于常年冷高压的控制温度經常很低。只有在春秋季节即过渡时期气旋可以深入大陆中心作偶尔的拜訪，由于气旋中空气携带有较高的温度，因而可以把气温暂时由－50°C提高－20～－30°C左右。但即使如此，負温仍是十分强烈的。

㈡ 湿潤极地型冰川的温度状况

湿潤极地型冰川的成冰过程是再結晶——滲透成冰过程，它与单純的再結晶成冰作用不同的地方在于可以产生短暂而微量的冰雪融水。但是，这並未根本改变成冰过程的特性，它仍然基本与再結晶成冰过程一样，在雪轉化为冰的过程中起作用的仍然是压縮，沉降和昇华重結晶等因素。由于这一緣故，湿潤极地型冰川的温度状况基本与乾燥极地型冰川的温度状况相同。

～78～

第七节 冰川的温度状况(分类)

在冰川溫度形成中起决定作用的仍是乾燥冷寒的气候。与乾燥极地型冰川不一样的是溫度要高一些。在夏季最热的日子（甚至只是个别几小时）空气溫度可以升高到零度以上成为正溫。而也就在这短暫的时間內，冰雪表面发生曇花一現的冰雪融水，但其数量是微不足道的。由于冰雪的溫度很低，融水很快被冻結在表層的雪的空隙中，因而可以形成数个毫米厚的冰壳。冰雪融水冻結放出一些潛热，但由于接近雪面太近，这少量的潛热来不及以热傳导的方式加热下面的雪层就很快被雪面輻射消耗掉，或者由于风而更快地散失在空气中，只能稍許提高貼近雪面空气的溫度。因此，这种溫度变化对成冰过程不起什么作用。

由于冰川表面（雪面）的强烈輻射以及雪的极低的导热性和很高的反射率，冰雪层的溫度也和再結晶成冰类型的冰川一样，比地区的多年平均气溫更低。

因此，湿潤极地型冰川的溫度状况可以粗略地描述如下，即：冰层常年为負溫低于0°C很多，仅仅只有表面不大于1cm的厚度內，在夏天在个别的日子甚至小时中，由于气溫升到零度以上而达到零度。活动层中除表面有这一特性外，溫度变化經常靠近平均值，这一平均值常低于地区多年平均气溫。随深度向下溫度振幅愈来愈小，时間也愈延迟，在活动层（20米）以下，溫度变为恒定，它比多年平均气溫更要低一些。

溫度状况的变化，在这一种冰川中和乾燥极地型冰川大致一样。不同之处就在于它的溫度絕对值比后者要高一些，而且表面可以出現零度溫度，这是它們最根本的区別。

㈢ 湿潤冷型冰川的溫度状况

这类冰川发育在气候溫和的地带，气溫較高，輻射較强，因而容許冰雪融水較多地出現，它可以滲入雪层中去，而不是只停留在表面，但它还不足以一直滲到活动层的下限，也不足以把粒雪层用融水飽和起来从而能进一步产生逕流。这就是說，全部的融水仍然被保留在雪层之中。

由于温度高和良好的日射，粒雪层的上部在夏季冷气储备很少（запас холода）因而给融水的通过（下渗）創造了有利的条件。在这种情况下，冰雪层温度变化就受着融水活动的强烈影响，这种影响是融水再冻結所释放出潜热提高下层冰雪温度而造成的。

冰雪融水下渗带来热量，一直要把下层冰雪的冷气储藏消耗完並使之成为0°C，此后，这层粒雪就成为表面冰雪融水的透水层，融水继續下渗使更下层的冰雪温度提高。

冰雪融水的加热效应十分大。我們知道每一克的水在冻結时要放出80卡洛里的結晶潜热，这些热量足以使密度为0.4的100 cm^3粒雪提高4°C。但是，冰雪融水对冰川温度的影响不仅表現在这种数量上很大，而且还表現在傳播时間上是迅速的。我們知道，单純由分子热傳导进行热量交换是十分緩慢的，而冰雪融水通过透水层在重力作用下向下傳播是快速无比的。在前面我們講到过德里加尔斯基1892年至1893年在格林兰东部大卡拉雅克冰川上的观测，厚达24米的冰由于融水作用在6月底（6.27）即最热月份到来之前就全部浸水並达到零度。相反地，南极冰川活动层仅二十米，而其下层温度状况却与上层相反，时間落后整整一个周期即半年，其原因就在于单靠分子傳热是十分緩慢的。由於冰雪融水影响的缘故，活动层的温度将高于年平均气温，而且是逐步向下递增直到20米深的恒层为止。

如果冰雪融水不能渗透整个活动层，即融水只停留在活动层的上部而达不到它的下限，則不受冰雪融水影响的活动层夏天加热仅仅依靠分子热傳导，因而保持负温的状态，同样在恒温层中也将如此，不过它的温度将等于活动层下限处的年平均温度。

在这种冰川中温度的分布将是愈向上而愈冷愈向下而温度愈高，恒温层中冰的温度可以大于年平均气温几度个别可达10°C。这种热的来源是冰雪融水冻結放出的結晶潜热。

~80~

第七节　冰川的温度状况(分类)

上述情况下冰雪融水全部保留在粒雪中，因而不出現逕流，熱能全部交給了活动层，但仍不足以抵銷冰川的全部冷气儲藏，（首先是活动层中的冷气儲藏）因而尽管冰川的溫度平均比气溫高，但仍然是負溫。气溫愈高（也就是說冰川的冷气儲藏愈少）融水下滲愈深，（即加熱影响的厚度愈大），在这两种因素的作用下，冰川的負溫数值将愈小，否則将較大。上述二因素是緊密相連的，因为溫高則水多，水多則下滲得更深。在这二种因素共同作用下，冰川的积累量愈多則冰川的溫度将愈高，因为不同的冰川积累量是极不相同，差別極大的，积累量大則粒雪层厚因而便于融水下滲及保存熱量，否則，雪层薄，冬天可以把冰雪冻結成冰，夏季融水将难于下滲，难于加熱冰川，冰川溫度就会降低。

在这种冰川上冰的溫度状况可分为三层，即表层、中层和深层。表层是指冰雪融水所达的最上层，此层溫度变化在夏季由于水的逐步下滲和加熱，最初溫度是由上到下减低，逐步上下均达到零度。这是消融季节終末时的情况。在冬季則由于冷气下傳逐步战胜冰雪內的熱量，首先把上层冰雪变为負溫，然后下层亦变为負溫，不过溫度始終是上层低于下层，最冷的是冰雪面。

中层的上界是冰雪融水活动終止的地方，下界則是活动层的下限。此层中溫度經常是負溫，它随深度增加而溫度递增，最大溫度（仍是負溫）出現于最下限，即活动层下限，溫度成层性是常年不变的，最冷在上部，最暖在下部，永远如此。在年中溫度的变化幅度不大随深度增加而減弱，並在下界上完全終止。

下层开始于活动层下限直到冰川底部，經常是負溫，常年不变，絕对值則等于活动层下限上的平均溫度。冰川体温度比年平均气温高。

（四）海洋型冰川的溫度状况

这种冰川分布在气候溫和的地区，冬天負溫不太大，夏天溫度較高，因而冰雪融水大量活动，它不仅足以浸透整个活动层而且多余的融水还可

~81~

以滲到冰川底部或不透水的冰面，沿着斜坡形成冰內和冰下逕流，这种逕流从冰川上帶走了大量的热量。逕流的产生是这种冰川成冰过程中最重要的标誌，使它和湿冷型冰川有显明的区别。

在冬季，全部活动层中的水並不都冻結起来，冻結起来达到零下溫度的只是表层冰雪，在这层之下，冰川的溫度直到底部仍然保持在0°C。冬季冻結的深度也即是活动层的深度，一般介于10～20米之間，这随不同冰川所在地区的气溫条件不同而不同。但也有这种情况，即在冬季整个冰川均不冻結或几乎全不冻結，也就是說，整个冰川常年都是位于0°C。

这种冰川的絕大部分常年为零度，这种溫度状况是靠冰雪融水的下滲来保証的，对这种冰川来說只能分出两层，即活动层或表层，以及深层或恒溫层。活动层的下限就是冬季冰川冻結的深度，它的厚度取決于冬天气候是乾冷，还是湿冷。乾冷則深一些。这一层在冬末时全部为負溫，溫度由上向下递增，最冷的是表层。最下界的溫度則为0°C。在热季未临时，冰雪融水未出現之前上层冰雪的加热靠簡单的热傳导。热量来源于空气和日射。此时最低溫度出現在冰面以下2～3米。这时的冰川溫度分布状况是，上层为負溫，但不太低，2～3米处溫度最低，再向下冰川溫度逐步緩慢地上升，直到活动层的下界而达于0°C以下的冰全部为0°C。冰雪融水出現後之后，首先上层被滲透加热，然后逐步由上到下把活动层全部提高到零度，这时的活动层已成为冰雪融水的透水层，水繼續向下一直滲透到冰川底部形成冰內和冰下逕流。要把活动层加热到0°C，只需要一月时間就行了，很多情况下則更快，这决定于消融强度，滲透的速度，活动层的厚度以及活动层內冬季冷气儲藏量的大小。

冷季开始，消融停止，冷气波开始向下傳播（实际上是热量向上外流），逐漸克服了潛热使表面的冰雪中的水首先冻結达到負溫然后逐步向下，因此最表层是最冷的，当冬季天气候短期回暖时，在不深的冰雪层內就可出現尖銳的溫度分布的倒轉現象。在活动层以下溫度經常仍是零度。冰川运

～82～

第七节　冰川的温度状况(分类)

动对海洋型冰川是十分簡单的，它並不表現在温度的变化上，因为海洋型的冰川只有两个温度层，表层即活动层，它並不受冰川运动的影响，底层为恒温层常年温度为0°C，运动时加热並不表現在温度上升上，而是用去支付冰的融解热，使冰川发生冰內和冰下融化。当冰川的运动是块状流时，冰川底部和岩床发生摩擦，大量的机械能轉为融解热使冰川底部发生显著的融化，並因而形成冰川底部的逕流。由于冰川运动是連續不斷的，个别的脈动並不足以明显改变消融强度，因而冰下逕流是基本稳定的，它不受外在因素（气温变化）的影响。由于冰川愈下流，則热愈多，故愈向下融化愈強，因而流量也愈大。这就是冰下消融的特征。

如果块状运动並不是整个沿冰川床滑动而是通过冰川体的个别部分彼此冲压作相对独立的运动来实现的，那么融化将不只在冰川床与底部冰川接触的地方发生，也在两个冰块的破裂面上因相对滑动摩擦而发生。这就是說可以形成冰川內部的逕流。这种內部逕流可以封閉在冰內，也可以沿破裂处受排挤而成为冰川边缘或冰川底部的逕流。

如果冰川作可塑性流动，則加热将在冰川各部分均等地进行，但底部仍然比上部加热要多一些。尤其是上部十五米将基本不加热，只有十五米以下，冰川冰会因运动加热融化而以底部最显著。（但仍不及块状滑动）这些水有时是以冰晶間的薄膜水出現的，它們並不汇集成流而是增加冰的可塑性，使之作各种变形。

阿尔卑斯山的冰川都是这种冰川，它們的温度不决定于气温和动力的原因，冰川体大部分都有水活动，常年保持0°C，但把它擴大为整个温带冰川的温度特征則是不对的。

㈤ 大陆型冰川的温度状况

如果融水之多不仅滲透飽和了整个年层，而且还产生逕流，而冬季活动层的冷气儲藏又大于全年中冰雪融化的潛热，这样就会出現大陆型冰川的温度状况。这种冰川主要出現在大陆内部地区，它的气候条件是：年雨量較少，冬季乾燥而低温，夏季温度相形較高。輻射強，年平均温度低。（零下几度或更低。）

在成冰类型上，大陆型冰川是渗透——冰冻型成冰类型，在这种成冰过程的支配下，冰川上的粒雪极少以至沒有。在热季开始的时候，积雪的厚度即等于全年积雪的厚度，此后則逐渐变薄到热季結束而全部消失。年积累量的殘余在热季結束变冷時經常在冰川表面形成一層新的渗透——冰冻冰。冰川就是通过这种方式来实现积累的。

由于冰雪融水大量沿冰面流走，因而尽管冰雪融水的量多，但它对冰川温度的影响却不如气温对冰川温度的影响之大。达到0°C的冰融水全部渗透粒雪年层並向下渗透到位于雪层下的［渗透冰］中，但其深度仅能达到2～30cm，而整个冰川体是不透水的。

当粒雪年层全部被融水所饱和之后，冰面逕流开始生成，在大陆型冰川上，夏天即使粒雪盆地也发生这种冰面逕流，因而在粒雪盆中也造成冰面水文网。

冰下及冰内融化在这种冰川中是不发育或十分微弱的，它只存在于裂隙中，而且多半是位于冰舌的边缘及終端才有其踪跡。

冰面流水不仅带走了大量的融水，而且还带走了大量的热量，尤其还包括冰雪融化所吸收的潜热。大陆温度型冰川由于这一缘故消耗了大量的热量。

渗入冰雪年层及表层冰中的融水很快冻結达于零度，此时放出結晶潜热，这种潜热能使下层冰的温度提高，这种情况在入秋时也很明显，因那时剩余的年层粒雪在上部下渗融水冻結时也放出大量潜热，使底层冰加热。但是，上述加热都是很微弱的，它一方面只产生于冰川的表面，另一方面还会因接近大气而直接把热（結晶放出）散失在空气之中，因而用于加热下层冰的热量並不太多，此外，保留有冰雪融水的冰和雪层厚度很小，本身所具的热量也就有限，因而，把这种热量和冬季的冷气储藏相比，那

～84～

第七节　冰川的温度状况(分类)

是十分微弱的。

深层冰的加热还受夏天热力波的影响，它是通过直接的分子傳热和輻射直接加热来进行的，但这种热量的总和很少，故而只能稍許提高深层冰的年平均溫度，比之年平均气溫則是高出不多的。

以天山的卡拉巴提卡克冰川为例，我們可以看出这种冰川的溫度状況全独具特色，与以阿尔卑斯山为代表的「溫带冰川」是完全不同的。在这种冰川上按溫度状况可以把冰川体分为三层（或三带）即表层（变溫层），中层（同溫层），底层（恒溫层），三层的厚度分別是，表层深达5～10M，中层15～20M，深层在中层下限以下。表层和中层都屬活动层，唯溫度状況表現形式不同。在表层全年的溫度变化是很大的，尤其是它的頂部与大气接近的部分，全年較差可达10°C。在冬天，表层溫度分布是負的，下面愈暖溫度相对昇高。夏天則完全相反，上面溫高而下面溫低。春秋二季則有过渡現象出現。在春初秋表面加热溫度較高。最冷的地方是表层的中部，隨时間推移其位置向下降，直到变为夏季溫度状況即上面溫度高下面溫度低为止。秋天則反是。其时冰面溫度下降成負溫冷气波向下傳播，最冷位置逐漸下降，直至形成冬季冰层溫度状況为止。表层在夏季除了表面2～3公寸由于浸水而达零度被叫做“融化壳”外，其他部分溫度仍是負溫。正是由于这一緣故，这种冰川以冰面融化为主要形式，冰水沿裂隙下滲在遇到低溫条件后也很快冻結。中层全年溫度有变动，但其梯度不变，年較差最大者在上部，亦不过3.8°C。深层則全年溫度无变化。其上下层間无溫度梯度因而无（或极弱）热量交换。不过这是一种静态的描述。事实上冰川的深层由于正好处于可塑带中，动力的原因經常使冰的溫度在这一部分或那一部出現暫时增高的現象。在天山这种增高平均为0.2°C，最大可达0.8°C。

四，不同溫度类型的冰川的地理分布

~85~

冰川的溫度決定于冰川所在地区的自然地理条件和成冰过程，而成冰过程本身又是冰川所在地区的自然地理条件首先是气候条件的綜合反映。由此可見，冰川的溫度状况最終仍決定于地区的自然地理各要素的特定的有机組合，首先是決定于气候条件的不同。因此，冰川溫度是一种地理的現象；服从地理的規律，即分布上的地带性規律。由于气候的地带性受到非地带性因素影响（海陆位置，地形地势，特殊气流洋流影响等）因而在总的地带性分布中又出現非地带性分布的現象。現在簡单談談这方面（冰川溫度分布）的情况。

乾燥极地型溫度类型的冰川基本上包括了整个南极冰盖，其中也包括陆棚冰川。仅仅只有在沿岸极为狹窄的边緣，这种冰川溫度类型被湿潤极地溫度类型的冰川所代替。可以設想，在接近南极内地的某些地方，当冰盖上出現裸露的岩石（冰原石山），在其周圍也可出現这种湿潤极地溫度类型的冰川。甚至还可能出現小型的冰面湖泊。冰面表現出消融。在格林兰大陆冰盖上，乾燥极地溫度类型的冰川也占統治地位。在边緣部分約100～150公里的地带則为湿潤极地型冰川所代替。在格林兰的中心，活动层的溫度在－28°C左右，而在其边緣溫度就逐漸昇高。正是由于这一原因，冰雪出現融化現象。在格林兰的南部边緣近海岸部分，还有湿冷型溫度类型的冰川分布。格林兰的大部分［溢出冰川］都是如此。而溢出冰川本身的最下部分甚至变为大陆溫度型的冰川。格林兰附近島屿上尚分布有全部冰川为大陆溫度类型的冰川。格林兰沿岸地带冰川溫度的这种变化乃是海洋性气候垂直地带性的表現。

除了南极和格林兰外，乾燥极地型的冰川还出現在山岳冰川的最高的地方，那里有极低的負溫和厚层的粒雪，缺乏水的活动。这在很多爬山队的記錄中是常常見到的。喜馬拉雅山，喀拉崑崙山，帕米尔，天山的很多高达七千米以上的山峰都有这种情况出現。从山頂到下面依次分布着湿潤

～86～

第七节　冰川的温度状况(分类)

极地型，冷濕型最后則是海洋型和大陆型的冰川溫度类型。

按照阿夫修克的意見，在乾燥极地型溫度冰川的积累过程中，起着決定性作用的是負溫，由于負溫，蒸發減少到很小的限度，而且基本被凝結所抵銷，因而全部降水均被积累下来。这样，尽管南极中心只有5m.m.的降水而喜馬拉雅山峰高达8，000m.m，格林兰中心亦有300～450m.m的降水，但它們都发育着乾燥极型溫度类型的冰川。不过，这种說法是需要进一步用事实証明的，按照馬尔科夫的意見，南极中央部分是处于物質負平衡的状态中，其原因正在于降水量的奇缺。由于降水量稀少，太阳輻射是能够使极为有限的积雪在强日照下很快消逝的。当然，一般地說，在乾燥极地型溫度类型的冰川上，降水数量对冰川发育的影响的确是只居于第二位的。起着決定性作用的是极低的負溫。

湿潤极地型溫度类型的冰川在地球上並不独立存在，它是乾燥极地型的大陆冰川边緣的附屬物。

湿冷型溫度类型的冰川是大陆冰蓋周圍島屿上冰川的特征，其中包括北冰洋中的若干島屿，如費尔德斯塔德，1933年关于斯匹茨卑尔根島东北地的研究，說明至少該地冰川的上部是屬于这种冰川类型的。另外，費朗茨·約瑟夫群島和新地島冰川的上部也是这种溫度类型的冰川。而它們的下部則是大陆溫度类型的冰川。

冰島的北部和西北部某些冰帽的頂部屬于这种湿冷型冰川，而其下部則是海洋型，塔綮加冰川的頂部，以及溫帶冰川的粒雪盆地如高加索北坡，北美大陆北部的冰川，巴塔哥尼亚的冰川，喜馬拉雅山，喀拉崑崙山，帕米尔，天山，阿尔卑斯山的勃朗峰，玫瑰峰的山頂亦是如此。

和湿潤极地型冰川一样，湿冷型溫度冰川在自然界也不单独出現，而是作為很多冰川的补給区的特征。

海洋型溫度类型的冰川在世界上是研究得最多而且最詳細的，这就是过去所謂的「溫帶冰川」，其中首先包括阿尔卑斯的冰川，太平洋沿岸山地的冰川，高加索山的南坡，喜馬拉雅山的南坡，喀拉崑崙山，新西兰冰川以及几乎全部赤道和热带的冰川。

海洋性冰川与乾燥极地型冰川完全不同，它的发育主要依靠丰沛的降水。正是由于这一缘故，它甚至可以在温度稍高于零度的情况下发育起来。

分布在温带地区的冰川有很大部分属于大陆型温度类型冰川。它的发生条件是負温和降水缺乏的結合，而其与乾燥极地型冰川不同之处在于全年中热季冰面可出現大量的冰雪融水，入秋冻結直接成為冰层。这类冰川的分布前已述及，它們都出現在极端大陆性气候的山地中。中国西北均属此。

由上述可見，在五种冰川温度类型中，有三种是具普遍意义的，这就是乾燥极地型，海洋型和大陆型，另外两种冰川温度类型只是作為一种过渡状态出現的。

同时还需指出，由于局部地区特有的地形，坡向，风向，光照条件等的結合，在同一冰川温度类型占主导地位的地区内可以出現个别例外。如大阿列齐冰川上的斯芬克斯冰原就是这种例子，冰川是标准的海洋型的，但斯芬克斯冰原則是大陆型的，原因就在于風經常把雪吹走，造成了少雪与負温条件的結合，加之夏季的强烈日射，結果就使冰在一年中形成，出現了大陆型温度的冰川。在天山若干背风的凹地，机械搬运大量的雪堆于位置較低而温度較高的地区，結果就在典型的大陆型温度冰川区中出現了海洋型温度冰川。

第七节 冰川的温度状况(分类)

校字 No. 10

四 5

§8 冰川的演化和冰川类型

冰川是个有生命的机体，它有着发生发展和死亡的规律，在不同的演化阶段中，冰川的形态、规模、地质作用，以及冰川内部的物理过程都是彼此有差别的。从发生学的观点出发結合形态进行冰川分类是比较全面的，为此就必須对冰川的演化进行实际的探討。現代的冰川普遍处于退縮的时期，只有个别的冰川表現局部的前进性质。因此我們在某些方面只能主要是根据冰川后退演化的过程来重建冰川生长死亡的全部演化过程，此中就不免有牵强附会之处，尤其愈到高級形态，更是如此。这里是不能不引起事先注意的。

一 冰川的前进演化及其类型

雪綫下降或山体上升造成部分陆地的凸起地区伸入到雪圈之中，在这个雪圈内，最先造成永久性的积雪，它們出現在地势低凹的地方，风把雪从开濶的地面，或雪崩沿着陡峻的山坡把大量的雪輸送到这些凹地。地势的低下便于冷空气的储藏，免于或减弱太阳的直接照射，这样，在地区中出現的孤立的永久性雪斑就扩大起来；在这种扩大之中，永久性积雪本身也是一个重大的因素，这就是它本身是一个冷却面，便于水汽的凝結，它的内部具有巨量的冷气储蓄，能够把冰雪融水重新冻結起来，使之不致成为补給河川的直接逕流。永久积雪一方面因面积的扩大，另一方面更重要的是厚度的增加，而随着厚度的增加，雪层内部的变质过程終于导致冰的形成。无論是粒雪冰或冰川冰，只要是冰一出現，並且成为主要的組成部分，我們就必須承認，冰川已經形成。这种冰川叫做胚胎型的冰川，属于这一范疇的，有吹积冰川，粒雪冰川，小冰斗冰川（Corrie glacier）等，按其作用性质地貌工作者每每又把它們叫做雪蝕冰川。悬冰川也属于这一类型，不过关于悬冰川有不同的概念。在阿尔卑斯山悬冰川是比冰斗冰川更高一級的冰川，或叫做扩大的冰斗冰川，它有一个短的冰舌，冰舌面积約为冰斗区域面积的1／8，它們高悬在主要谷冰川两

~52~

侧山坡上，以雪崩的方式补給主冰川。我国西部尤其是祁連山的悬冰川，是指悬掛山腰或高峯的底部的冰坡，它們也有一片凹地，但並不是冰斗，而是一般的积雪蝕漏斗。這種型的悬冰川边緣成凸起的弧形，厚度大于上部，冰面的坡度都很陡峻，这种冰川有的又把它們叫做陡坡冰川，或山坡冰川。在祁連山，这是冰川演化的初級形式，这就是說它是从山顶开始的，而其他有些地方，如阿尔卑斯山，烏拉尔山，則是从凹地底部开始的。在祁連山，落入凹地的积雪（风积或雪崩）在冰融水的作用下一般均形成冰椎，而且也可以形成永久性的冰椎，它可以成为未来冰川的基底部分，但真正的冰川作用是从山頂开始往下扩大的。

占領了山坡山頂和溝谷上源集水凹地的胚胎型冰川进一步演化就要进入真正的谷地，这中間需經过冰斗冰川（Cirque glacier)的阶段而达于谷冰川的阶段。（这里所講的冰斗冰川或又叫做圈谷冰川。）此中的过渡类型是阿尔卑斯式的悬冰川或具有短冰舌的冰斗冰川。胚胎型的冰川是以缺乏显著的运动为其特征，而进一步向谷冰川演化时，則具显著的流动性質。胚胎型的冰川一般分布在雪綫以上（地形雪綫）而向成型冰川演化則达于雪綫之下，达于雪綫之下的这部分就是冰舌，由于流动的緣故，它們都以綫形出現。在形态上与上部的粒雪盆地截然分开。

胚胎型的冰川呈斑点状分布或位于凹地，或高踞山头，向谷冰川演化則必須使整个山頂山坡或山脊全部为冰雪蓋住，成为一个連成一片的粒雪原。最初、是主要山谷上源的山头全部冰化，扩大的粒雪盆，但仍基本保持單一的形态，它补給一条长长的冰舌，后者伸入谷中，低于雪綫数百米。这种冰川在阿尔卑斯山最发育，因此又叫做阿尔卑斯型的山谷冰川。但是，单式的山谷冰川可以合併，它們就形成复式山谷冰川，如阿尔卑斯山的长达24公里的阿列齐冰川就是如此。但因此种冰川在高加索更为发育，故又叫做高加索式的山谷冰川。

无論是单式或复式山谷冰川，它們都是分布在主要山脈的一个坡向上，

~53~

因此都叫做横谷冰川。更高一级的山谷冰川就是纵谷冰川，它们有许多支流，而支流本身又有支流，在平面图上作树枝状分布，主支流多成直角交会，主流位于两条主山脊之間。这种冰川在帕米尔高原，喀拉崑崙山，大喜馬拉雅山都有分布，有名的費欽科冰川，伊諾尔奕克冰川，西雅卿冰川，巴尔托罗冰川，絨布冰川均屬此。这种冰川又叫做喜馬拉雅式的山谷冰川，但更发育的是在喀拉崑崙山，因此把它叫做喀拉崑崙山式的山谷冰川，可能更为适当。

山谷冰川的发展不仅从冰舌方面合并，也在上游进行合併。这样就形成鞍状冰川（或超冲冰川）。当各个山谷冰川上源都彼此相連时，平面上就出現网状的冰川，只有主要山峰高聳冰面之上，形成广大面积的統一冰流补給区，冰川本身成为分水岭，冰川向两面流动，在頂部造成巨大的分水岭冰裂隙。在珠穆朗瑪峰下的絨布冰川上就看到这种情况。这是山谷冰川发育的最高形式。

中亚的土尔基斯坦式的山谷冰川是一种特殊的冰川，它們可以是复式山谷冰川，也可以是树枝状山谷冰川。这种冰川发育的地方地势切割十分强烈，冰舌伸到雪綫以下很远的山谷之中，冰川两側陡峻的山坡上除发生雪崩冰崩外，大量挾带风化碎屑物質而下，結果冰舌表面十分污秽，冰舌强烈的消融更加助長了这种污化程度。粒雪盆地对土尔基斯坦式的山谷冰川来說是未扩展的，冰舌的补給不全靠粒雪盆地。（后者相形过小）

树枝状山谷冰川进一步发育，冰雪掩盖整个高山与谷地，但山谷形势仍清晰可見，这种冰川叫做斯匹茨卑尔根式冰川，冰川的冰舌部分有自己的个性，但它的补給区却是共同的。冰舌如果越出山体这种冰川就可能形成寬尾冰川，在阿拉斯加沿太平洋岸，这种冰川是很发育的，它們往往彼此联成一片，就如乾燥区連成一片的洪积平原一样，不过这是广濶的冰原[illegible]海，这叫做山麓冰川，或叫做阿拉斯加型的冰川。

山麓冰川的进一步演化，各个分离的山头冰川下部逐渐会合，大陸冰

～5[illegible]～

盖开始形成。地球上的冰盖很少是只有一个中心的，差不多都有幾个中心，这就是原来山岳冰川开始发育的地方。所以，无論是山岳冰川的演化或大陆冰盖的演化，在它們的前进时期总是通过扩大面积降低高度，彼此联合消灭个别冰川的差異性形成共同的特性成功的。而在这一过程中地形的影响是十分显著的，它直接控制着冰川的发育。

二　冰川的后退演化及其类型

首先談大陆冰川的后退演化。

大陆冰川的后退演化可以有两种方式，南极冰盖的后退是通过中央部分的变薄死灭最后导致冰盖的解体来实现的。这个时期正好与低緯的冰川时期相当。北半球的大陆冰盖现在只剩下格林兰島，其他冰盖都消失不見，或仅余残跡（如斯堪的那維亚），它們的死灭时期和低緯山岳冰川走向死亡的間冰期是一致的。它們走向死亡的方式是一方面厚度变薄，另一方面是边緣后退。格林兰冰盖正在进行着这一过程。格林兰除有一个巨大的冰盖之外，还有若干分散而彼此不相連屬的冰川，並有部分裸露的陆地（約30万平方公里）。即使在統一的冰盖的周圍亦大量出現冰原石山，它標誌着边緣帶的变薄和退縮。在退縮的过程中，如果原来是由几个中心联合的，則重新演变为个别孤立的冰川中心。大陆冰川的退縮一方面是厚度变薄，另一方面則是由于补給減少厚度变薄引起的冰川前緣部分丧失活动能力，結果就慢慢脫离冰盖中心成为大面积的死冰。死冰丧失了活动能力，如果气候继續变暖則更快的变薄，並被融水分割成为孤立的块体，以致进一步完全消失。不要認为死冰对地形没有作用，它通过大量的冰融水改造冰期中造成的各种正負地形，有时甚至使冰期地形面目全非。（这是特别值得注意的）。

大陆冰川被分割之后，形成高原冰帽或斯堪的那維亚式的冰川。这种冰川現在在北欧和冰島都有分布。它們位于平坦和緩的山頂，四周界以懸

~55~

崖或陡坡，以冰崩方式消耗物质，有时沿谷地伸下一些冰舌达于雪綫之下，整个說来，冰帽是接近或高于雪綫的。冰川的活动性十分微弱。如果山頂是金字塔的錐形則不形成冰帽而形成星状冰川，它的冰舌从四周下伸状若星形，这已經是典型的山岳冰川了，如厄尔布魯士峰（高加索山）就是典型的例子。祁連山走廊南山酒泉以南也是这种冰川作用类型。

冰川退化时期和前进时期虽然在类型上有时重复，但作用性质及形态不一样，尤其在冰川前緣或冰舌更是如此。以山麓冰川为例，前进时期前緣十分圓滑並呈凸弧形，冰舌表面亦十分乾淨，但后退时期則不然，冰舌变成鋸齿状，冰舌前部布满冰碛，如馬拉斯平冰川，在冰舌前緣有1.5–2英里的地区全为表碛复盖其上，並长着茂密的森林，云杉胸徑达1.2英尺，树龄在100年以上，攀登其上如不挖开地面冰碛（0.5～1米）則根本不知道自已是位于冰川之上。这是冰川作用的消极时期，动力作用让位于冰冻风化及冰融水的蝕积作用。山麓冰川分裂，重返寬尾冰川，继續后退則成山谷冰川，冰舌的前部多为冰碛物所罩，冰舌边緣冰水活跃，切成边緣槽谷，甚而形成暂时性的湖泊（冰碛堤阻塞）。山坡上过去为統一的雪原占据的地方，現在出現空白地区，只有顶部有悬冰川存在，这种悬冰川多半像三角形的布片一样悬掛山坡，有时可位于凹形地中，随遇而安唯視背光消融条件弱的地方而保存下来，这种悬冰川的下部成楔形很快尖灭

山谷冰川继續后退一直退居粒雪盆地，冰川长寬几乎差不多，（这种冰川和圍谷冰川不一样，虽然它处于圍谷之中，但它有大量的冰碛，冰面污秽，苏联研究中亚的冰川学家把它专門叫盆地冰川（Котловинные ледники）有时它有部分冰舌，形态稍长，被叫做半盆地冰川。它的冰舌除乾淨的一部分外，很大部分都被两面山坡落下的岩石碎屑或冰川融化出露的表碛内碛所掩复。

盆地冰川继續退縮，在背阴的坡上继續存在，而在向阳的坡上消失，在

~56~

祁連山往往是西北坡保留。这种冰川没有完整的粒雪盆，而是靠坡上降雪补給。苏联学者把它叫做穗状冰川。

如果圈谷中底部冰川全消失只剩下四周山坡悬冰川存在，这叫做馬蹄式的悬冰川。它們像一面面的三角小旗或破布片掛在山坡上。

上述悬冰川有时又叫坡地冰川（Ледник склона）。如果是位于坡上的眞正冰斗中（Corrie）則叫冰斗冰川。

这是山岳冰川走向消亡的簡单图景，当然，其中还有很多过渡类型。現在的祁連山大部分地区都表現出这一典型的后退演化情景，但有个别的前进冰川出現，給死寂的景象大增生色。野馬山就是一个很好的例子，那里是研究冰川生命的最好的地方。

三 阿尔曼的冰川形态分类

前述的冰川分类及演化是按卡列斯尼克的思想修改补充提出的。而卡列斯尼克是按美国冰川学家霍布士的发生学思想发展起来的。这种思想把冰川当作机体，研究其生长发育的情况，这是有辯証唯物主义的思想，是正确的。而欧美一般冰川学者尤其阿尔卑斯学派多从形态观点出发，即使到近年連阿尔曼本人仍然是重复着这一老路。他在1948年提出一个新的冰川分类方案。我們把它轉抄如下，藉以对比。

A． 連續成片的冰川，冰川冰从中央向各个方向流动。

1. 大陆冰川或复盖很大面积的島屿冰川。
2. 比大陆冰川为小的冰帽。
3. 高地冰川，它复盖着山体的最高的中央部分。

B． 多少为一定的谷道所限，冰流循此谷道流动的冰川。这类冰川包括独立的冰川或由上述冰盖式冰川流出的冰川。

4. 阿尔卑斯型的谷冰川。
5. 貫穿冰川（或网状冰川），基本充满了整个谷地系統。
6. 圈谷冰川（cirque glaciers），它占据着山坡上的个别

~59~

龕。（註：這实际上就是冰斗冰川，歐美有很多人把 cirque 和 corrie 不分，威尔士人又叫 CWM）。

7. 斜坡冰川（Wall-sidedglaciers），它复盖谷地的一坡或其一部分。

8. 漂浮冰舌（Glacier Tongues afloat）

C. 片状分布在冰川区的脚下的冰川冰。此中沒有一个是独立的，而是与其他类型冰川相联一起。

9. 由前述4 5或7型冰川下部相联而成的山足冰川。

10. 上述4 5或7型的冰川的下部及扩大的部分謂之脚冰川（Foot glaciers）。

11. 陆棚冰川（Shelf ice）。

这种冰川分类是十分原始的，根本不能反映冰川活动的丰富多彩的内容，~~因此可見[illegible]現代冰川学者[illegible]，基本上仍然[illegible]~~

本章主要参考文献

1. П. А. Шумский
Основы структурного ледоведения
(стр. 239–316) 1955.

С. В. Калесник
2. Общая гляциология 1939.

3. Г. К. Тушинский
Лавины и защита от них на
геолого-разведочных работах 1957

4. Г. А. Авсюк.
Температура льда в ледниках

5. Б. П. 卡洛夫.
积雪. 1956.

20×20=400 第 63 页

第四章
冰川的生命

冰川的积累

冰川的消耗

热交换

冰川作用能量

运动速度测量

运动原因

冰川的构造

裂隙

变质片理

弧形构造

冰川的进退

周期性进退

气候变化

冰川的稳定性

冰川适应系数

IV, NO.11 17300

第四章 冰川的生命

任何冰川（包括大陆冰川及山岳冰川）都可以划分为两个性质不同的区域，即积累区与消耗区，二者之间即为雪线（在冰川上是粒雪线）。在雪线以上的积累区中年积累量大于消耗量，而在雪线以下的消耗区中年消耗量大于积累量，这样势必造成上部冰体的增大与下段冰体的缩小，冰川之所以能够长时期保持不变（形态）就在于冰川不断地运动，把积累区的冰输送到消耗区。所以说冰川的平衡实际上是动态的而非静态的平衡。如果积累区降雪增加，每年越过雪线流到消耗区的冰量超过该区的消耗量则发生冰川末端的前进。如果积累减少，则消耗区不能补偿，冰川就要退缩。当然，消融的增加和减少相应地也会导致冰川的退缩和前进。因此，在考虑冰川的动态时要同时考虑积累和消融两个因素，其影响往往是错综复杂的。而其中心问题是物质平衡和热量平衡（包括水热平衡）的问题，这是冰川生命活动的实质。本章我们要谈的就是冰川生命活动的各种表现形式。

§1. 冰川的积累（补给）

冰川的积累主要取决于气候和地形地势三个条件。气候

20×20=400 第1頁

第一节 冰川的积累(补给)

條件中关係到積累的主要是大气固体降水的多寡。在大气固态降水中不仅应该考虑到垂直降水，而且还应考虑水平降水。高聳入雲的山脈這種水平降水比平原更為發達。过冷却和过饱和的冷湿气流（如平流过冷雾在气旋暖锋區形成，）在前进的道路上遇到高大的山体（包括冰川）总是發生大量的水平降水，如雾淞（изморозь）、雨凇、形成霜、飛露等。尤其是在海洋气候地区，这种水平降水特别發達，有时竟至于大大超过該地的垂直降水。在阿尔卑斯某些地方，一年中竟有150天發生这种水平降水。在瑞士拉布蘭吉山，它形成一個特殊的固态水平降水帶位於1850—2090 m Alt 之间。（"Rauhfrostzone"）在中亚的贡嘎山，據海姆報導（A. Heim, 1936）这一水平降水帶的下限位置在5800 m Alt—6000 m Alt（Hoarfrost zone）。在阿尔卑斯、阿拉斯加、巴塔哥尼亚、喜马拉雅山均有关於这种水平降水的報導。在突兀的山上这种水平降水的識别並不困难，它们往往在垂直的岩壁上生長起来形成雾淞之層（перья изморози），至於垂直的降雪是无法形成这种東西的。它们往往能積累到1—2 m的厚度，进而以雪崩的方式补给冰川。除了这种水平降水外，海冷气流在接近冰川表面時，能發生

20×20=400　第2頁

凝结。（在湿度较低的南坡它是形成冰斗的重要原因）当然，这种补给的量是不大的。另外，偶然的降雨也能成为冰川的补给来源。从气候上来讲，所有这些垂直降水，水平降水，冰面凝结，偶然的降雨都是冰川的物质补给来源。随气候条件不同，各种因素的实际情况不一样。例如在祁连山，我们就没有看到过上述的水平降水。但是在中国东南部如果第四纪发生过冰川的话，这种水平降水就必须考虑。我们在天目山和黄山都经历过这种水平降水。（发生在夏天）。

地形条件对冰川的积累有很大影响，除了冰盖及平顶冰川以外，~~山岳冰川没有不接受雪崩补给的，只是数量不同而已，而雪崩与地形的关系很密切~~，山岳冰川的补给区一般均为粒雪盆地（Névé basin；firn basin；firn field；фирновое поле，фирновый бассейн）。而盆地的四周即为高耸的山峰，主峰则变为角峰（Horn），这些地方都极易发生雪崩。由于雪崩的补给及盆地规模较大，往往在一个地区山峰即使不很高，（对雪线来说）也能发生很大的冰川。因而，单纯以冰川作用正差（"положительная разность оледенения"即指山头高出粒雪线的高度，粒雪线高出冰舌末端的高度则

20×20=400　　第 3 頁

以及其"Отрицательная ——")来论证冰川作用所能达到的规模是不正确的。(见黄培华关于庐山古冰川的反驳意见)。以祁连山两条最大的冰川作一比较即可看出这一情况。大雪山的老虎沟20号冰川正差为600m左右，冰川为複式山谷冰川长达9.6公里。疏勒南山南坡的11号冰川，正差为835米，比前者高200余米，但冰川长度不过8.6公里。应当说主要原因即在于前者有两个极大的粒雪盆地，而后者的粒雪盆地则比较狭小(系由三个组成)。粒雪盆地大则积累的冰量大，尤其是由四周山坡上来的冰量(包括雪崩)更多，因而有利于冰川的发育。冰川作用正差除了因受地形影响而对冰川作用的大小影响不同外，还受气候的影响，在海洋性气候条件下，降水丰富，加上有利的地形条件即使正差不大冰川也能发育得很强盛。如，阿尔卑斯的少女、黑鹰诸峰均高4,100－4,200 m alt，该地雪线高2,700－2,800 m alt，冰川作用正差不过为1,300－1,400 m左右，但较阿勒茨冰川等均在20公里以上。喜马拉雅珠穆朗玛峰北坡，由于气候干燥，冰川作用正差虽达2,500－3,000 m，最大冰川也不过18公里(西绒布冰川)。慕士塔格及公格尔峰的冰川作用正差

20×20＝400　　第 4 頁

也不下两千米，但冰川一般也只十余公里。不过如果在气候条件及地形条件一致的情况下，则地势愈高，也即是说冰川作用中心愈大，则冰川的规模必然愈大，因为冰川受到的补给愈多。

不难理解，随着向粒雪盆后壁接近，冰层的积累愈多，因而粒雪盆中的年层是楔形的，愈接近粒雪线附近应当最薄，因为在下部它受到强烈的消融。

冰川粒雪的年层由于夏季消融（冷性冰川）出现污化层（尘粒、尘土、少数昆虫遗体），它是计算年层的最好依据。但在粒雪盆后部粒雪表面比较干净，污化层未存在，计算年层应仔细找寻层理。但有的冰川有冬层夏层之分，或有渗水冻结程度不同的层次，因而究竟把哪几层算一个年层是要根据该冰川的成冰作用来分析的。一般是以从冬到夏为一年层。（问题在于正确识别冬季层和夏季层）。在地区缺乏实际观测资料时，可以根据粒雪盆地中部的年层折合水的厚度来计算冰川补给区的年降水量。其方法是在粒雪盆中挖冰坑，在壁上分别量出粒雪比重及厚度。如果有方便的冰崖或裂隙也可应用天然剖面。但，在裂隙中只能量壁上的年层，不能用裂隙中的粒雪层计算，因为后者均是次生的再堆积，数值一般均大大偏高。

20×20=400　　　　第 5 頁

第一节　冰川的积累（补给）

§2. 冰川的消~~融~~耗 (Ablation, Абляция)
(thaw, таяние)

"消融" 冰川的消融主要取决于太阳辐射与冰雪表面和近地面层空气之间的热交换。消融量可以近似地以如下公式计算。

$$q = \frac{1}{80}[(1-R)Q + A - L)$$

式中 R 为冰雪(或地面)反射率。
Q 为短波总辐射。
A. 冰雪(地面)与空气间的交换热。
L 为冰雪面本身的长波辐射。

式中短波总辐射 $Q = S + D$
S… 太阳直接辐射。
D… 散射辐射。

~~大陆冰川时期~~或在高纬极地、以及~~大陆性气候的~~高山冰川地区，消融主要靠太阳辐射。这叫做辐射消融。~~大西洋时期~~或在中纬度海洋性气候的冰川地区，消融主要靠空气热交换，取决于暖平流过境的频率及暖平流本身的水热特性。

大陆性气候下的高山冰川靠负温来保证本身的存在，高山本身也难于获取与周围年度的热量交换，因而消融更加主要靠太阳辐射。极地大陆冰川一方面由于气温极低，另

20×20=400　　第 6 頁

一方面由于冷高压阻止了来自暖海气流进入内部，因而发生消融也主要靠太阳辐射。海岸海洋性冰川位置一般比较低，主要分布在中纬地区，易于与周围大气进行热量交换，容易受到各种气流的影响。因而冰川的消融更多地取决于空气热交换。(H. Ahlmann 1942)

在冬天或消融季节开始前，冰川如果发生消融，几乎唯一是由于太阳辐射。在夏天，冰川上的消融则与气温有密切关系。当暖平流过境时，不管天气是阴雪绵绵，但冰川融水日夜不停。但是，即使在夏天，消融的日间变化也明显地显示出与辐射的依变关系。当然，此时温度也随辐射变化，消融与温度的关系看来更密切，但它们都是受太阳辐射变化控制的。此时的气温是消融强度的标志而不是它的原因。因此，总的说来，除了海岸海洋性冰川以及冰川上有暖平流过境的时期以外，大部分的冰川以及它们一年中的大部分时期，消融是取决于太阳辐射的。在这一点上，阿尔卑斯的冰川和我们的冰川是一致的。关于阿尔卑斯山冰川主要靠太阳辐射消融的说法很早为福雷尔等提出（上世纪）。1934年C. Somigliana根据玫瑰峰冰川的观测结果，证明消融主要取决于辐射。Г. А. Авсюк对苏联天山冰

川的研究也得出同一的结论。（1953）

其所以平流交换热一般不能成为冰雪消融的主要因素是因为空气的热容量太低，据估计要仅1mm.深的冰化为水则要使30公尺厚的空气温度由10°C降低至0°C。且不说热传导不能达到这一点，即使乱流极强的情况下也难于实现这一点。但是，如果暖平流温度极高以致发生凝结，则其释放的潜热为597卡/克，这一种热量能使7.5克的冰变为水。由此可见，暖平流的融冰作用主要在于是它的凝结所造成的。在海岸地区这种暖湿的气流是经常存在的，因而Ahlmann的观点对这些地区的冰川有效。反之，如果是冷平流甚至是干燥的焚风，则冰雪很少融化，最多发生蒸发。在安第斯山我们得知，在空气干燥时气温达15°C还不致于发生融化。而根据理论计算，在理想的干燥空气里，温度到10.7°C也不会发生融化。只有在水汽达饱和状态（在一个大气压下为6.1毫巴或4.58mm.水银柱）时，冰雪才能发生融化。

中国西部山地冰川经线等工作也证明是靠辐射消融的。以慕士塔格山东卡尔拉克冰川为例，1960年6月1日至8月1日期间，在冰舌区（4750mAlt，雪线为5600mAlt）

20×20＝400　　　　第8页

热量收入中，直接辐射占64.8%，散射辐射占31.0%，乱流交换热仅占4.2%，即是说95.8%的热量收入来自太阳辐射，在这种情况下冰川消融当然无疑地是靠太阳辐射。同时值得注意的是，在热量支出中，蒸发耗热竟占22.1%，而融化耗热也不过占30.9%。（其他为反射辐射、长波有效辐射及冰面与冰内的交换热所占）固然在物质损耗上蒸发只占融化的1/10，但在热量平衡上，蒸发的地位就很显著。这是因为高山地区气压低，空气干燥（大陆气候所致）促进了蒸发作用。从这一意义上来说蒸发有利于冰川的保存。

冰川的不同段落的消融强度很不一样。冰舌最末端应当是消融最强的，因为按照冰川运动的原理，由粒雪盆将到冰舌区的冰，流速由动力原因增加得有限（以及空气温度梯度的关系），故与周围环境处于很不平衡的状态，也即是说进入了温暖地区易于发生消融。根据消融强度不同，冰川工作者往往把一条冰川划分为强消融区、弱消融区及不消融区等。但这往往是从水文的角度出发的，中、低纬部大多数冰川在夏季没有一个地方不发生消融，只是有的地方不形成径流，或仅以渗浸水出现而已。

不同的冰川消融量不一样。海洋性的冰川消融强

20×20=400　第 9 页

到，大陆性气候的冰川消融微弱。阿尔卑斯山著名的罗讷河冰川（Rhone glacier）冰舌前部（1800—1900 m alt）年消融深达10—12 m。而祁连山老虎沟20号冰川消融最强处（4,600 m alt，冰舌会合处）1960年总计也不过折合水层1.49 m，即不过为罗讷河冰川的1/7。另外，即使在祁连山东西两段，由于~~降水~~气候不同，消融强度也不一样。东段冷龙岭大东沟冰川能比西段大雪山冰川的消融都强得多，主要是东段受太平洋季风影响的缘故。

冰面消融受很多因素的影响，随各地冰川所在的气候地形条件不同而不同。这中特别要提到表碛的影响。在冰舌区，由于冰的融化，含于冰内的内碛集聚而成表碛。表碛如果很薄则由于降低反射率，有利于促使冰川自行污化，故加强消融；如果表碛加厚到成为隔热的盖层，使下部的冰免于融化，或融化减慢。由于这种表碛~~的~~十分发达，在~~处于退缩的~~中央地区各冰川处于退缩的情况下，形成了特殊的土尔其斯坦式的冰川。这种冰川粒雪盆也不很发育（地形切割强烈），主要靠雪崩及冰崩补给。在雪崩冰崩中带有大量的坡上的风化岩石碎屑，落到冰川中则成为内碛，其数量很大，随冰川运动到冰舌

20×20=400　　第 10 頁

区，由于运动和消融很强，故内碛将为表碛，日积月累，使冰面被表碛完全覆盖。在冰川运动过程中，这种表碛保护冰川免于迅速消灭。这种冰舌叫做埋藏冰舌，但绝不是一定是死冰舌，当然它的冰体的消耗是通过死冰进行的。

“其他形式的冰川消耗”

首先要提到的是，冰内消融和冰下消融。发生这两种消融是每条冰川都有的现象，区别在于数量的多少。尤其是纯靠这种消融来形成径流。有利于发生这两种消融的是冰川接近融点，冰川作块状及层状流动，但这两个条件是彼此矛盾的。接近融点则可塑性高，块状及层状流动不发达，反之也成立。不过，总的来说，仍以接近融点为有利，因此时的融水不致于被冻结。“暖”型的阿尔卑斯山的冰川冰体全均近于0°C，因而冰下及冰内融化比较发育。但是，都不能把冰下径流完全归结为冰下及冰内消融，即使加上地热（后者理论上每年能使冰融化6.5 mm，但在冷冰川之下人们怀疑它是否存在）数量也不大。在Rhône glacier不过占表面消融的4.3%。作为冰川径流的来源是混合起源的。我们知道冰川有裂隙，冰川边缘有裸露的山坡，从冰面上，从山坡上，在消融季节有不少融水流入

20×20＝400　　第 11 頁

（地热为2.5×10^{-6} 卡/cm²·sec.）

冰川底部。这在"暖"冰川中是多数发生的。因而阿尔卑斯山冰川径流在冬季继续存在（主要是冰川下的径流），主要不是由于冰下消融，而是夏季积下的水，以及冬季回暖时山坡的融雪下渗水。当然，冰下消融也提供一部份水。但在祁连山，由于冰川温度很低，冬季根本无冰川径流。天山一般情况也是如此，消融期一般开始于四月中而止于九月中。但土克孟斯坦冰川有比较强的冰内及冰下消融，这是融水下渗造成的。

山岳冰川的冷冰川，有的是以冰崩方式损耗物质的。如果下降到冰川上，则为复合冰川的一部分补给来源，有时甚至形成"再生冰川"。

高纬海岸冰川直伸到海水中，形成浮冰舌，这时冰川一方面被海水消融，但更主要的是形成冰山。可以把这叫做机械的损耗，南极冰盖主要即以这种方式维持冰川平衡。

冰川消融造成的融水是冰后河流的重要补给来源，在干燥地区对国民经济有重大的意义。怎样控制冰川的消融，是干燥地区国家所关心的问题，即使不能完全控制，如果能准确地预报也是很好的。海洋性气候地区冰融水特别丰富往往在冰川内部阻塞成湖，冰湖的突然溃决造成巨大的灾害。在干燥地区也有此现象，但不及前者严重。

20×20＝400　　　　第12頁

§3. 冰川作用的能量（Энергия оледенения）

“冰川作用能量”是П.А.苏姆斯基（1947）提出的概念，但C.B.卡列斯尼克在三十年代即有了这种想法。它的计算方法为下式：

$$E = r + d \quad m.m/m.$$

E …… 冰川作用能量。

r …… 雪线附近每上升一米固态降水的堆积增加量，以m.m.水深计算。（堆积垂直梯度）

d …… 雪线附近每上升一米消融值递减量，也以m.m.水深计算。（消融垂直梯度）

按上述公式，r愈大，即堆积愈多，d愈大，即消融愈少，这样就造成冰川物质在雪线中积累愈多。随着r和d的增加，E也跟着增加，也即是冰川作用的能量愈大。所谓冰川作用能量大，即是指冰川运动速度大，从积累区有更多的冰量通过雪线而进入消耗区，也即是说，在消耗区会造成更大的冰川消耗，一般是大多的融水。由于冰川的运动速度大，冰川的地质作用就强，由于冰川的消融多就意味着，冰川融水在山地水份循环中起更大的作用。简单地说，冰川作用的强弱代表着冰川养分收支、水热平衡及地质过程的强度。

冰川作用能量并不取决于冰川的大小和形状，这样就

20×20＝400　　第 13 页

第三节　冰川作用的能量

能客观而定量地说明一地区冰川作用的地貌过程的强度。不同冰川之间可作客观对比。

海洋性冰川降水多，温度高，消融梯度也大，因而冰川作用能量总大。大陆气候及高纬地区降水少，温度低，消融梯度也小，因而冰川作用能量较小。这一点对地貌工作者有重要的启示，就是说，在海洋性气候地区如果发生冰川，则哪怕是冰川不大，其地质作用也很可观，能造成典型的冰川地形（包括堆积）。反之，在大陆性气候地区，尽管冰川规模可能很大，但却难于造成十分典型的冰川堆积地形。中国西部冰川塑造的地形就远较阿尔卑斯山冰川所塑造的地形逊色。例如祁连山，冰斗就不典型。中国东部如果曾有第四纪冰川，由于它的海洋性，其地质作用当远强于西部，应当塑造出较典型的冰川地形。这一点是完全可以期望的。

由于苏姆斯基的计算法实际应用上困难较多，О.П.谢格诺娃提出了一个简单的公式。

$$A \cong (H_0 - H)\cdot E$$

$$H_0 - H = \Delta H \quad （雪线与某点H高度差）$$

$$\therefore \quad E \cong \frac{A}{\Delta H}$$

式中 A……某点H上的冰层融化厚度

20×20=400　　　　第14頁

这一公式所以能成立是因为①冰川是处于物质平衡状态的（苏姆斯基原来的假定）②消融与高度的关系是直线关系（谢格诺娃的新假定，苏姆斯基认为是曲线）。

谢格诺娃根据此公式计算，阿尔卑斯龙河冰川雪线为2730m时，观测点H为1800m，年平均消融量为12m。因而：

$$E = \frac{12 \times 10^3}{2730 - 1800} = 12.9 \text{ m.m/m}$$

根据苏姆斯基的方法则$E = 12.4$ m.m/m。故差别不大。这一公式的好处在于简便易行，只要有雪线高度及冰舌某一点年消融深度的数值就行了，不需另作观测。

据此公式计算，格林南冰川E为3 m.m/m.

阿尔卑斯冰海冰川（白峰）$E = 16.9$ m.m/m.
（mer de glace）

中亚细亚冰川E值变化很大，如在同一阿赖山的北坡，索赫河（p. Cox）冰川$E = 24.7$ m.m/m，而相邻的伊斯法拉蒙塞冰川（Исфайрамсай）的$E = 4$ m.m/m。这表明中亚山地湿润度在各地是差别很大的。

祁连山东段 $E = 5-6$ m.m/m.

20×20=400　　第 15 頁

祁连山西段 E = 2–4 mm/m

如[illegible]20號冰川4,400 m处年消融1.49 m，且雪线该年4,700 m Alt.，故

$$E=\frac{1.49\times10^{3}}{4{,}700-4{,}400}=4.97\ mm/m$$

总的说来冰川活动能量由赤道向两极减小，由海岸向大陆内部减小。

§4. 冰川的运动

十八世纪的瑞士科学家就知道阿尔卑斯山的冰川能够运动，但提出数据是从19世纪开始。1827年Hugi在下阿冰川（Lower Aar Glacier）考察时留下一间冰石小屋，1830年发现下移了330 m，1840年则已下移到1428 m以下了。这就是说冰川每年运动100 m。从1840年到1922年，这间石屋的小房子已下移了4.6公里，即下阿冰川平均年速度为56 m。

以后开始进行对冰川运动速度的测量。最原始的方法是在冰川上横过冰舌放置一条石头线，两端和基岩的对应位置作上记号，然后过一段时间再去观测石头线移动的情况。这种方法有很多不精确的地方，因为石头在冰面上就自己移动，这对冰川运动

20×20=400　　第 16 頁

速观度上的来说，误差很大了。不过大体上它还是能提供一些冰川移动的数据，一般显示冰川中部移动快于侧边。这种方法的进一步演化，就在是在冰川上树立一排排的横断冰舌的花杆（花杆要埋得很深，不然易于因消融倒下）。在两端基岩上固定位置，以经纬仪定期测量各花杆的移动速度。在冰川学中还广泛採用基线法，即在冰舌前谷地中选AB二点设上记号，从该点交会冰舌某一点C。如果冰舌移动了，下次测角时就会发生变化，AB基线以皮尺量出，这样冰川的位移也定出了。

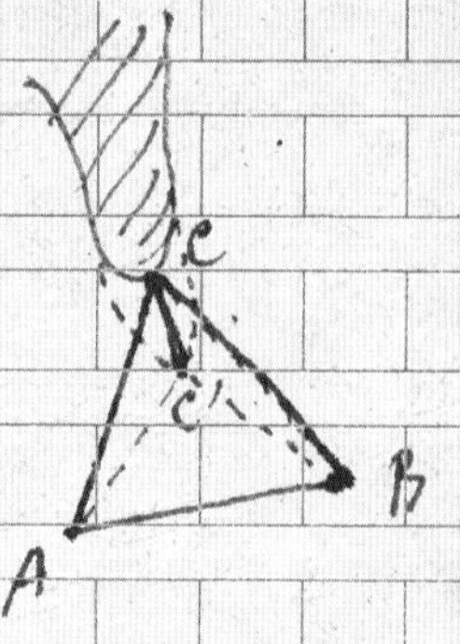

挪威卑尔根的冰川研究者们还设计了一种"冰川钟"，即在冰舌以外基岩上固定一只冰川钟放在三角架上，以一细绳牵到冰舌上，该端也加以固定，冰川移动，绳子被拉，冰川钟就转动开来并记下数据。这种方法用于较短期间短期内获得资料比较方便。

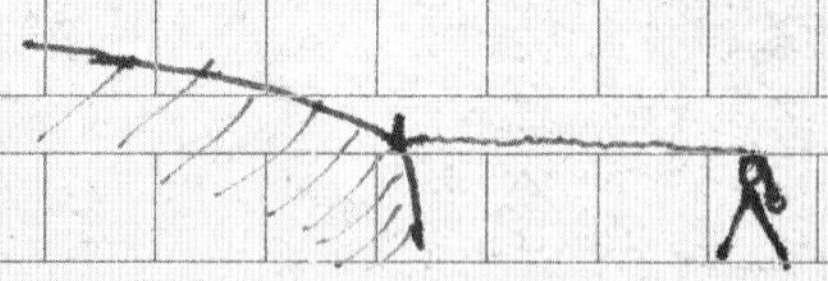

比较近代的方法是重复航空摄影及地面立体摄影。这种方法准确方便，并能测出冰川上每一点的位移速度（冰面上有标志，人工或天然均可）。在这次吐[illegible]

20×20=400　　第 17. 頁

地球物理学中，得到广泛应用。

山谷冰川运动的速度经阿尔卑斯山各冰川的研究查明，速度分布在横剖面上中央最大。如果冰川弯曲则像河流一样最大流速偏向凹岸（侵蚀岸）。阿加塞斯在白峯下的冰海冰川（mer de glace）曾仔细地研究了这一现象。祁连也有类似的现象。

在纵剖面上，在粒雪区速度向下递增，但在冰舌区则速度向下递减，冰舌末端速度最小。在格林兰见到冰舌末端移动快的反常现象，这是由于冰舌浮在海上，冰舌通过变成冰山很快损耗，必须急速补充冰量的缘故。

如果冰川谷宽狭变化，则狭处速度大于宽处。坡度有变化，则坡度大的地方快于小的地方。而在坡度很大时造成冰瀑布，大规模的裂隙发育，是工作的危险带。

冰川厚度大则运动速度也大。在同一条冰川中粒雪线附近冰最厚，因而速度最大，冰舌前端最薄，故速度最小。按拉加里公式可计算冰川该处厚度 $Z=\sqrt{\frac{2\mu u_0}{\rho\sin\alpha}}$

冰川运动不仅有年度变化，而且有季节变化。夏季融水多，温度高，冰川本身可塑性加强，但主要的是冰川床有了融水作滑润剂的缘故。

气温和降水对冰川运动速度影响极大，海洋性气候降

20×20=400　　　　第18頁

水多、温度高，则冰川运动快。换句话说，就是冰川的补给量大。大陆性气候或极地寒冷气候，冰川补给少，温度低，则冰川移动慢。阿尔卑斯山冰川年运动速度约100 m，而祁连山最大冰川运动最快处（中线处）也不过36 m。阿拉斯加有一条黑激流（black torrent glacier）冰川，竟在一日之间向前运动了30 m。不过在作冰川运动速度对比时要考虑许多其他条件，首先冰川大小应该考虑。例如，中亚经常冰川作用补给量小，但有些冰川如伊勒努切克冰川在距冰舌15公里处即达1,200 m/年。费钦科冰川也达285 m/年。

以上所谈的全是冰川表面的运动速度，关于冰川内部的运动的速度则研究得很差。根据赫斯的研究，整个冰川的剖面速度（平均）为表面平均速度的63%。冰川愈接近底部速度愈小，这是因为摩擦的缘故。

老的冰川学家一直认为冰川是连续运动的，后来经过芬斯特瓦尔德尔（R. Finsterwalder）、布卢孟克（E. Bluemke）等人的研究，认为冰川运动肯定有三种方式。①长时期的由于补给和消融产生的冰川积极前进及前进减慢的交替。这就像洪峰一样往下传送。②季节变化，根据研究在"Hintereisferner"（背后冰川）冰川的粒雪区冬季运动快，因多雪，夏季则冰舌快，因底部有融水

20×20＝400　　　　第 15 頁

③更短些月（几天及十几天为周期）的脉动，以至昼夜的脉动（不过有人认为以现代仪器精度无法测出）。这三個振動（脉动）式的運動，好比是大小不同的三组波相互叠置（發生加强或减弱）造成冰川運動的复杂圖景。

另外应当注意，複式山谷冰川各支流虽然在主谷汇合，但可以各自保持他的速度，彼此不發生干涉，更使冰川的運動複雜化。

冰川运动的原因及几种方式（接讲義 pig 91–95）

20×20=400　　　　第 20 頁

—27

冰川的构造及其結构是冰岩学的对象，对它的研究近年[illegible]普遍开展起来，我們这里提到的，仅是从它是冰川运动的外在表現，[illegible]点来考虑的。在这方面可以說冰川运动是冰川构造的实在內容而冰川构[illegible]則是冰川运动的表現形式，二者的关係是形式与內容的关係在一定的程[illegible]上，我們是藉助于表現形式来了解其內容的，尤其过去的冰川工作者更[illegible]是藉助于这种方法，如看到冰川褶皺的强烈发育，就認为冰川是可塑[illegible]而粘性流，看到断裂的出現則提出块状运动的理論，这种方法当然可以[illegible]但真正要了解冰川运动的特征实属还不能只停留在現象表面的观测和[illegible]上，而是应該在实驗室中控制这一过程，仔細观测这一过程的进展及[illegible]的各方面，才能进一步真实地揭露冰川运动的規律，減少[illegible]释性[illegible]们，走向人工控制自然过程和定量分析，把理論放在大量客观的[illegible]料的基础之上，这对冰川学說来，也如对自然地理其他各科一样是[illegible]和刻不容緩的。党号召我們通过学术批判要在科学各領域上高揷馬克[illegible]宁主义的紅旗，改变科学的落后面貌，使它从資产阶級唯心主义的束縛[illegible]解放出来，这是我們青年一代的光荣而艰巨的任务。

六、冰川运动的原因

自冰川学发生以来，冰川的运动从来就是吸引人注意的，人們提出了若干个假說来解釋它的原因。

在这些假說中，最原始的要算阿尔提曼（1751）格魯涅尔（1760）索修克（1786），斯塔尔克（1843）等人所提出的「滑动說」。他們認為，冰川位于斜坡上滑动，正如其他物体沿斜坡滑动一样，更由于冰下有融水（他們認為是地热引起的），就像擦上油一样，冰川的滑动更易于进行。反对这种意見的人有很多，他們說，如果冰川沿坡滑动，那就会是愈来愈快（加速度影响）而事实正相反，冰川是愈向下而运动愈慢。另外，如冰川是沿斜坡滑动則必然是冰川从上到下都是以同一速度

~89~

第四节　冰川的运动

前进的，而观测的結果也証明这是不符事实的。冰川滑动也不能解釋在不均匀的谷地中冰川是怎样从寬处流入窄处的。霍甫金斯为了[illegible]滑动說，他提出冰川的块状滑动。他說，由寬处到窄处是只有中央部[illegible]冰，它們一块块下降，而左右两側則被阻止了。

根据簡单的計算冰川要克服摩擦发生滑动坡度需要8°，但很多冰川3°就流动了，而有些冰川則在30°～40°坡上仍不动或移动微弱，这更是滑动說不能解釋的。

另一种老的說法是所謂膨脹說，提倡此說的有塞依赫茨尔，沙尔番节，阿加塞兹。他們認为，冰川上有很多裂隙，裂隙由于融水下滲，重新閉合並扩大体积也扩大长度，結果使冰川整个节节下移。沙尔潘节並提出冰川只有夏天移动的看法（1843），而冬天是不动的。这种老旧的看法不經一駁，冰融水在整个冰川下滲是較少的，尤其是集中表面，決不能造成全体冰川的移动。弗列尔早指出这一錯誤，冬季阿阿尔冰川每日运动15 Cm，为了用膨脹說解釋必須假定每天有厚达5 m的新冰形式，它的体积的扩大才足以造成冰川这种移动速度，这当然是荒誕不稽的假說。

摩瑟尔（1855，1869）提出冰川运动是由于体积变化，伸張时，重力向下拉，上部不动，收縮时上部下縮。这也不过是一种天真的想法而已，我們知道，冰川溫度变化，尤其在負溫下变化，体积是变动极小的。

对冰川运动提出了較进步的解釋的是弗尔布斯。（1843）他說："冰川是一种不完全的"液体"或粘性体，它的移动是由于彼此各部分的相互挤压"。

液体和固态是两个极端，但它們之間有很多过渡性的物体，其实就連水也不是絕对流动的，在毛細管中它就不能流动，即是說其重力不足以克服外摩擦（附着力引起）。管壁流速与中心不同也是同一道理。如果物体內摩擦大外摩擦小則实行滑动，但內摩擦大小各物体不一样，小的在滑动过程中还实現分子或物体各部分（如晶体）的位置調节。这种物質的运动既有固体滑动性質也有液体流动性質，这叫做半液体或半固体物質。（Semif

~90~

luid，Semisolid）冰川就是半固体物質。弗尔布斯並不反对滑动假說，但認為它是居于第二位的因素。溫度因素也被他考慮进去，高溫則流動性大，故冰川运动快，低溫則流动慢而速度減低。

亭达尔提出可塑性和冻結在冰川运动中的巨大作用，並認為冰川底部流动更易实現，破裂的冰川可以再冻結癒合，这是又一个大发展。

哈金巴赫、比築夫提出了冰川晶体可塑变形在冰川运动中的作用的關鍵，認為：冰川的总的变形是各个冰晶变形的总和。翳格認為在十七米之下，压力已足以使冰晶体彼此挤压发生可塑变形，而按亭达尔把冰川整个看作可塑体来看，200米以下才有可塑变形的可能。張伯倫（1904）补充說，晶体在运动中並不被破坏，而且相互变更位置。

我們認為冰川的运动是一个复杂的过程，它的原因应从物質本身去找，这是唯一正确的方向，冰川运动的不同取决于其本身所处的条件不同，这就是冰的溫度（接近融点与否）冰川的厚度，冰晶体的情况尤其是前二因素的变化，将引起冰川运动的根本变化，而冰晶体則对一切冰川均是基本相同的。应該說：〔冰川的运动是冰川体本身各部分不断进行內部（結构、冰晶）和外部（构造，冰层，块体）調整藉以实現与外力的相对穩定的結果〕。

六 冰川运动的几种方式

冰川是可塑性和脆性的統一，它的运动也不同程度地反映这种特征。归納起来可分为三种即可塑性流动，片状滑动，块状移动。可塑性移动是高溫冰川的特征，也是大厚度压力作用下的表現。它的变形是冰川內晶体作完全的可塑变形和位置調整的总和，它藉助于冰晶体間的暂时性薄膜水的作用而更加易于实現。而这种水在冰中是存在的，据計算，接近融点时不同深度冰中含水量如下表：

0.047克	11米（深度）
0.094克	22米

～91～

0.471克	110米
0.942克	220米
1.884克	440米

以上含水量指在每千立方厘米冰中所含水量。冰川含水在負温下也是可能的，因爲冰並不是完全的淡水，尤其在冰晶之間經常會許多污物，这多半是粘土之类，其中有不少可溶盐分，它的存在将大大降低水的冰点，这就更加使冰中的水能在負温下保存。

以阿尔卑斯山冰川爲代表的海洋温度型冰川由于全年整个冰川絕大部分都处于零度状态，冰融水极易活动，因此，冰川的可塑性极强。

另外，冰川可塑性还需满足压力条件，沒有这个压力条件，温度处于零度也是不能实現可塑性流动的。这个压力条件是由一定厚度造成的，大約在20～30米左右，在此深度以上的冰是难于实現可塑性运动的，在此以下的冰則易于实現。表面的冰主要是由于重力沿斜坡移動，內部不发生或很少发生晶体和冰层的調节，它主要是通过断裂来調整自己与外力的关係，它又通过复冰作用重新粘結一体，它是冰川运动的消极部分，在大多数情况下是受底部可塑带冰移動带走的。这种基于动力的原因，把冰川分为可塑带和破裂带的方法不要和基于温度而将冰川分爲活动层和恒温层的做法混淆起来，当然二者是有联系的。冰川之分为可塑带和破裂带在冰川的粒雪盆出口和冰舌上部的意义是很重要的，因爲这一地带冰川厚度最大流动也最活跃，对于大陆冰川来說，由于温度低，只有在很深的冰川底部表現出显著的塑性流动，而其流动的特征是除了水平移动外还有垂直移动，而且正是垂直移动促成了水平移动，这是与山岳冰川不一样的。

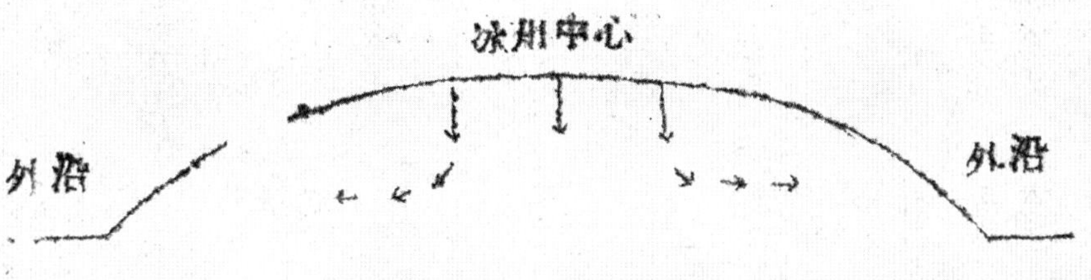

冰川的可塑性流动很好地解釋了冰从寬到窄和从窄到寬流速的变化，否則是难于解釋这种情况的。

冰川的可塑流动表現十分完全的时候，冰川将完全可以进行流管試驗，最高位置的冰将出現在最深处和冰舌最前端。但这未必是完全合理的，

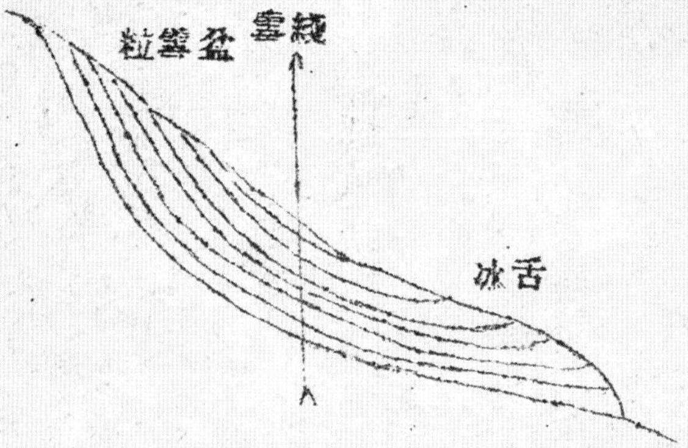

这种情况的出現必須假定冰川几乎是在理想的容器中运动的，实际上冰川床总是寬狹变化很大，坡度变化也是如此，冰川本身也不是各部分都是塑性流动的。

与塑性流动对立的是冰川的块状移动，这是一种通过断裂冰崩来进行的移动，它出現在坡度很陡的地方，这是指粒雪盆背后的山坡和谷地的冰坎那里分布着边缘裂隙和冰瀑布的地方。

介于塑性流动和块状移动之間的是片状滑动，这种片状滑动的滑动面是沿着剪破裂面进行的，它开始出現于冰舌上流速开始減慢，因而出現前后冰的推挤现象的地方，也就是說，它主要是分布在冰舌的最前部地段。由于片状滑动的連續出現，可以在剖面上呈現叠瓦状构造，沿着滑动面有重新冻结的水冰，这种水冰就成為“蓝层”。蓝层和白层的交替出現，这就是所謂的条带状构造。

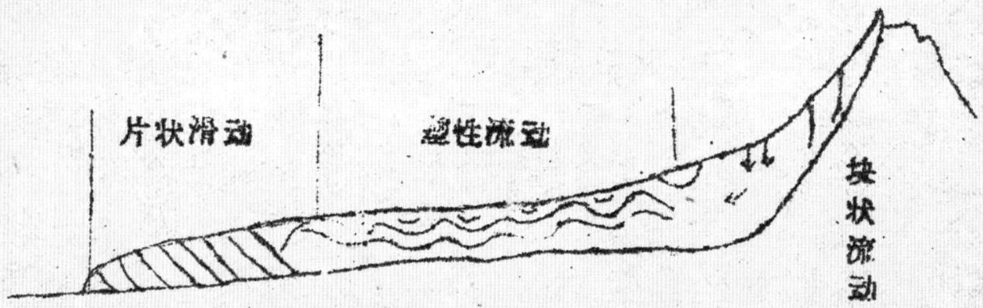

~93~

德莫列斯特把冰川的运动分為四种，这是西方关于冰川运动的較新观点。这就是：重力流动，~~推力~~挤压流动，阻塞重力流动和阻塞~~推力~~挤压流动。他認为重力流动和阻塞重力流动是綫形流动冰川即山岳冰川的特征，而~~推力~~挤压流动是大陆冰盖的特征。

如果冰川在一个通暢的谷地中流动，冰川将像河流一样，其最大速度綫将接近冰川的表面。德莫列斯特把这叫做重力流动。如果冰川在谷地中流动，在前进途中遇到阻碍（如冰坎）因而引起冰块在前頭被阻塞，后繼之冰繼續前进，与前部速度變慢之冰造成剪力系統，造成"藍层"（[illegible]倫），这就叫做阻塞重力流动。推断层，褶皺是这种冰流的証据。

德莫列斯特研究了美国国立冰川公园中的冰川之后，認為給自己的~~推力~~挤压流动的存在找到了根据。这里的克里門将冰川的被遺棄的谷床显示出盆地冰坎相間的情况，盆地中的冰經常比其他部分的冰要厚得多，其流动的最大速度綫显然是接近底部的。这种冰川的流动当然取决于重力，但冰川的厚度于此起了显著的作用，厚度大則压力大流动快，否則就慢，厚的地动就会向薄的地方流动。冰川流动的方向視冰面的坡度而定，並不取决于下垫冰川床的坡向如何。正是由于这一原因很多低地的漂砾可以被冰川推举到高地上去。

和重力流动一样，~~推力~~挤压流动因阻塞也出现阻塞~~推力~~挤压流动。比之重力流动，~~推力~~挤压流动有更大的可能造成冰川翻越小山。

德莫列斯特也考虑到大陆冰盖边緣溢出冰川存在的情况，認為那是特殊的例外，在~~推力~~挤压流中出现重力流。

按德莫列斯特的意見，四种冰川流动的图式可綜合表示如下：

（图見次頁）

德莫列斯特的这种冰川运动解釋图式当然並不算錯，但失之过簡，尤其未考虑块状流及可塑性的表現的具体条件，未从冰川本質上未考虑这只是現象的罗列而已。

德莫列斯特把冰川的运动分為四种，这是西方关于冰川运动的較新观点。这就是，重力流动，推力流动，阻塞重力流动和阻塞推力流动。他认为重力流动和阻塞重力流动是綫形流动冰川即山岳冰川的特征，而推力流动是大陆冰盖的特征。

如果冰川在一个通暢的谷地中流动，冰川将像河流一样，其最大速度綫将接近冰川的表面。德莫列斯特把这叫做重力流动。如果冰川在谷地中流动，在前进途中遇到阻碍（如冰坎）因而引起冰块在前頭被阻塞，后继之冰继續前进，与前部速度变慢之冰造成剪力系統，造成"藍層"（

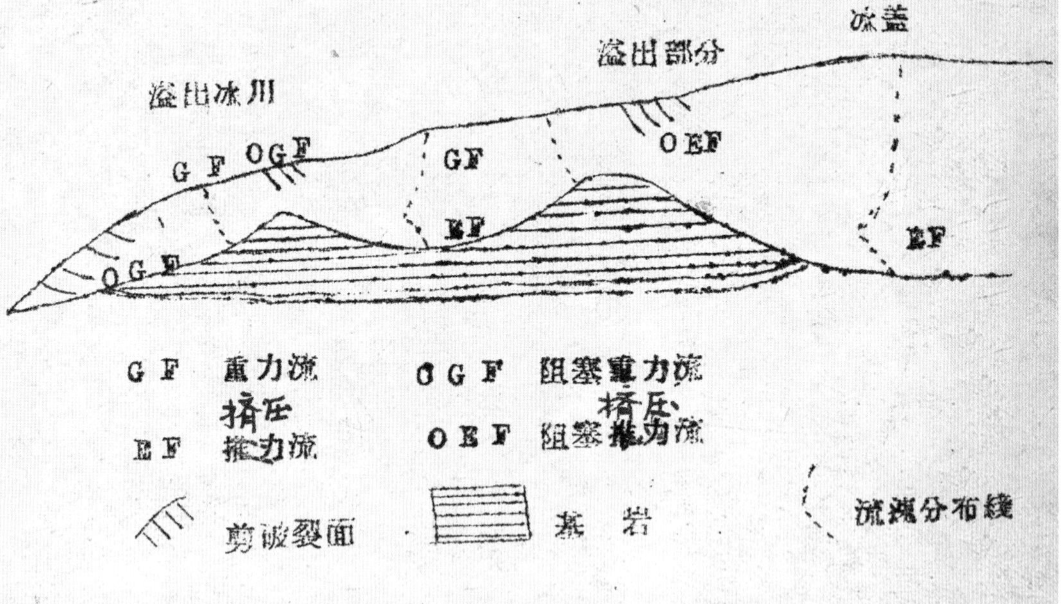

（图見次頁）

德莫列斯特的这种冰川运动解釋图式当然並不算錯，但失之过簡，尤其未考虑块状流及可塑性的表现的具体条件，未从冰川本质上未考虑这只是现象的罗列而已。

~94~

IV 3　No. 13

§5. 冰川的构造

冰川冰在构造上有很大的变化，有些属于原生构造，有些属于次生构造，此中包括有冰川的沉积层理（年层）褶皱、逆断层、节理、裂隙、透质光理，以至纵隔板和弧形构造（ogive）。冰川冰在地表处於接近融点的温度易于作各种变形，以适应应力，因而其构造更复杂。另外由於冰融水的活动、裂隙的存在，在冰川冰中常夹有冻结冰（窖藏冰）脉，类似地层中的岩脉。因此研究冰川冰的构造可以把全部岩石学的方法用上。我们这里不准备详细地探讨冰岩的微结构，只须指出，在冰岩变质过程中，微结构的变化是十分复杂的。张伯伦等人认为冰晶体可以发生相互的位置移动，并推测每个晶体作相当一直径的位置移动就造成每日三呎的移动速度。但怀疑冰晶体彼此的界面是那样紧密，这种移动怕未必可能。但人们又发现这是因为冰晶表面上有盐水薄膜使它能够滑动。Von Engeln甚至用过"滚动"（Wallowing down its valley）的字眼（有些夸张了）。根据Aletsch冰川上的研究，晶粒是有定向排列的，主轴垂直层面，但随位置而变，在"冰层流"的作用下，还有以及在前章提到的差别运动下（晶粒向着融水与定向应力）这种定向结构被破坏，但在冰舌压，在剪应力的作用下，冰晶体又发生同构造重结晶作用，使晶体主轴方向垂直于剪面，而其他不适应的晶体则发生转动（或融化水）或被损耗，这样，就发生新的定向排列。在祁连山，我们不只一次看见冰舌中的冰晶体呈平行剪面的，尤其是其中的气泡偏平且平行剪面的现象十分突出，但我们也看到，各个晶内的气泡偏平且各有自己的一定方向。这说明至少在冰舌区，冰晶体的确是可以作相对的位移的。在不断移动的过程中，冰晶体逐渐扩大。据以祁连山老虎沟20号冰川为例，粒雪盆中的冰晶一般0.5—1 cm，到冰舌中部则扩大到2.5 cm，最前端最大冰晶竟达13 cm。祁连山中的冰川是大陆型冷性冰川，温度很低，与一些高山冰川接近，在这种冰川中，冰晶的扩大（重结晶）可能更主要的是在干燥的环境下进行，即真正的同构造再结晶作用。这是和阿尔卑斯式冰川不同的。（那里显然融水起重大作用）。

冰川中的冰晶正是由于压力周期（或温度而定）而发生相互位移的可能性，因而冰川能作塑性变形。最明显的就是在冰舌区出现各种滑移构造，这种构造既可以在冰川横剖面上看到，也可以在纵剖面上见到。这种滑移构造在冰舌消融时出现带状构造和弧形构造。

冰川的成层性是到处出现的，但起源至少有三种，

20×20＝400　　第 25 頁

一种是粒雪盆中的年层。一种是冰舌的片理构造（剪切），还有一种是冰瀑区横裂隙愈合后的产物。尤其前二者在较大的谷地冰川均有。沿剪切带有的片理（foliation）最值得注意，在剪切处有融水渗入形成密度很高的"蓝层"（blue bands），它与含更多汽泡的冰川冰交替出现，但厚度薄得多。这种蓝层在冰川中央横过冰川层面倾向上游，但向两侧伸展则向后拖曳与冰川边缘渐趋平行，倾向冰川中央，有时近于直立。整个层则作船形弯曲构造。

年层在粒雪盆是平铺的，但这只是指最表面的年层而言。随深度加深，由于粒雪盆有挤压流的性质，最大流速接近底部，因而年层底部渐倾向上游。到粒雪盆出口处几乎接近垂直，进入冰舌区后由于消融减薄冰川厚度，冰川运动主要是重力流，最大速度接近冰川表面，因而又发生层面倾斜逐渐变缓的现象。

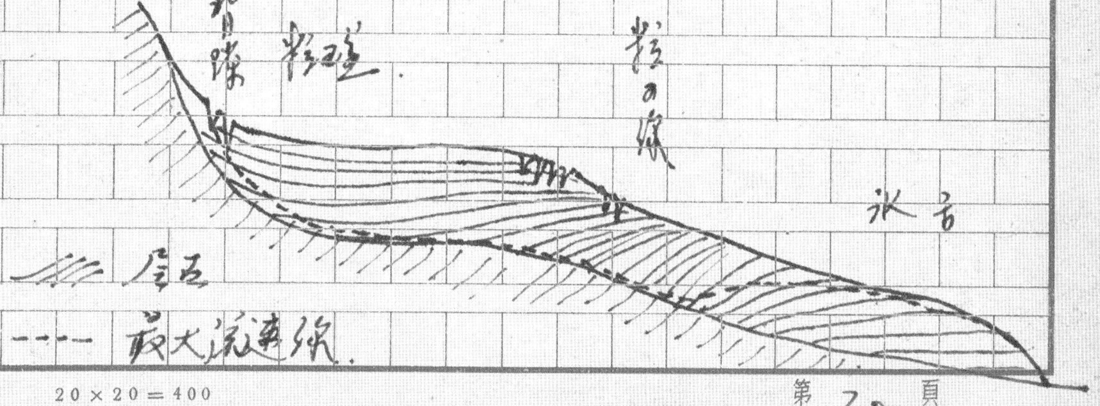

20×20＝400　　第 30 頁

由此可见，在冰舌上的层状构造还须很複杂，必须仔细分析。据鲍蒂，阿尔卑斯山的年层，到冰舌可能就消灭了，进一步出现的都是片理构造。但在中心的部位由于冰川流速度低和塑性加厚，片理并不发育，而是以较大规模的低角度逆断层出现，冰舌上保留着年层的遗迹。

複合冰川往往以中碛相隔，在冰川上保持着清楚的条带，以及各自的弧形构造。另外，小冰川有时叠置在大冰川上，流速也不同，这对流速低的冰川来说常是这样。

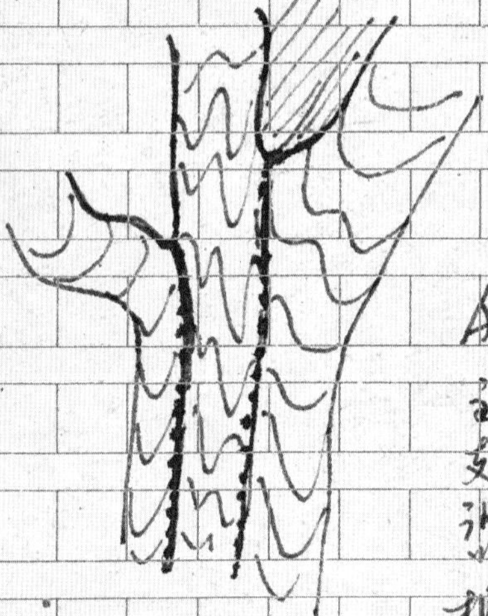

A. 主支冰川相会.

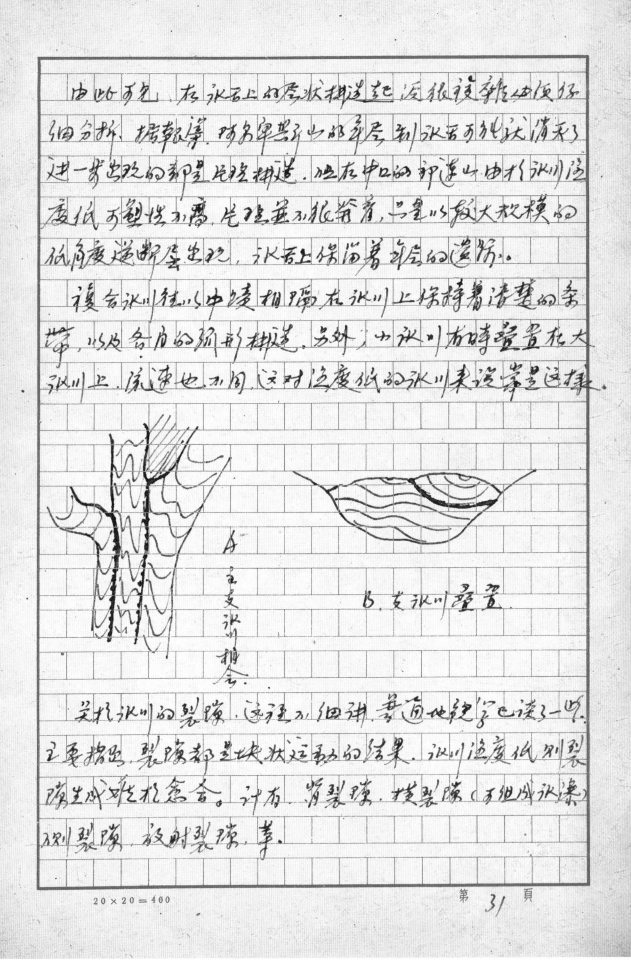

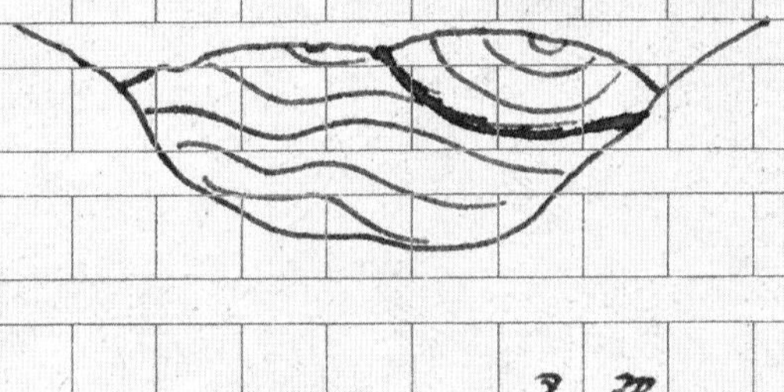

B. 支冰川叠置

关于冰川的裂隙，这里不细讲，普通地貌学已谈了一些。主要指出，裂隙都是块状运动的结果。冰川流速低则裂隙生成难于愈合。计有：纵裂隙、横裂隙（可组成冰瀑）、侧裂隙、放射裂隙等。

20×20＝400　　第 31 頁

§6. 冰川的进退

这里要谈的不是冰期和间冰期冰川的大进退，也不谈冰川的季节变化，而是要谈谈几十年及几百年的这种冰川进退的周期。

我们把冰川在相当长一个时期内的前进及继之而来的后退，以至到新的前进开始前的这一个时期叫做冰川的进退周期。

和冰川运动一样，冰川的周期性进退长期以来吸引了冰川学家的注意。冰川的进退直接与气候发生关系，进退过程中在地貌上留下遗迹。冰川的进退还能够直接影响到各民族的生活（灌溉问题）。因此，研究冰川的进退具有重大的理论和实践意义。

但是，由于冰川的运动本身一直到十八世纪才普遍为人知道，现在要找出比较长期的观测记录是很困难的，只有瑞士可以找到一些上溯到16世纪的记录。其他许多地方只好根据间接方法来推测。北美广泛用树木年轮法来鉴定冰退终碛的年龄是一个行之有效的方法。近来更广泛应用 C^{14} 的方法来测定绝对年代，把冰川进退周期的研究推到了更精确的程度。

冰川进退的原因主要是由于气候条件的变化，这种变

20×20＝400　　第32頁

化可以分为两种，即冰川补给的变化和消融的变化，对于不同冰川来说何者影响更大应当具体分析。T.A.某别尔曾经力主补给影响为主的观点，他说补给影响遍及全冰川，而消融只影响到冰舌。但是，随后的研究表明近100年来世界冰川的普遍退缩正好和世界气温的升高有关，因此人们不得不将而放弃补给为主的观点，相信气温因素是主导的。许多气候学者把太阳黑子的活动规律和冰川的进退结合起来研究得到很好的结果。研究说明，1645—1715年是黑子长时期最少的年份，因而气候寒冷，冰川在全世界都发生前进，阿尔卑斯山也有出现森林被冰川破坏的情况。有人把这一次冰川前进叫做小冰期。自那以后世界冰川均处于退缩状态，但在退缩中又有周期性的前进。在上世纪前半叶又发生比较大规模的冰川前进。到上世纪五十年代以后，世界冰川又处于不断后退状态中。

世界性的冰川进退，可以分为两种，即千年周期（A.B.斯尼特尼科夫叫世纪性周期）和布里克涅尔周期（斯尼特尼科夫叫世纪内周期）。千年周期以2,000年为一循环，其中有250—300年属前进期，1,500年属后退期。千年周期是在间冰期的背景上发展的，因而总的趋势仍是向退缩。自Würm冰期大后退以来已经经历了八个

20×20=400　　第 33 頁

这样的周期！阿尔卑斯查明的三次冰川停顿期，即布尔（Bühl stadium）格希尼茨（Geschnitz stadium）道恩（Daun stadium）不过是其中的三次而已，分别属于第四（公元前6000年）第五（前4000年）第六（前2000年）周期。在许多冰川反映灵敏的地区可以分别找到Würm以后的这八条终碛。现在我们正处于第八次千年周期的后退阶段，其前进期即在17世纪末至18世纪中叶。

Brückner

布吕克涅尔周期是冰川—地质学家布吕克涅尔提出的（1890年），他考察了数百年来欧亚大陆~~（主要是欧洲）~~的气压、气温、雨量、冬季温度，波罗的海、里海、黑海的水位变化，湖泊的出现和消失，俄罗斯河流的解冻期，西欧葡萄以及小麦的产量（价格变化），甚至向美国移民的速度。结果发现存在着干湿周期的交替出现。在欧洲情况是这样：

湿期	干期
1691—1715（中心约在1705）	1716—1735（中心约在1720）
1736—1755（〃 1740）	1756—1770（〃 1760）
1771—1780（〃 1775）	1781—1805（〃 1790）
1806—1825（〃 1815）	1826—1840（〃 1830）
1841—1855（〃 1850）	1856—1870（〃 1860）
1871—1885（〃 1880）	

平均一个周期（干期加湿期）为35.5年（或34.8±0.7）

欧洲冰川（Alps为主）自1,600—1,900年间共进退了十次，其中只有一次达35年，两次为21.24年，其他七次均在30至37年之间，这是和布吕克涅尔周期符合的。

在一个周期中干、湿期的雨量差14—20%，温度差0.5°C，但各地不一样，中亚可差36%以至相差达100%。

二十世纪以来冰川也有较著的进退，世纪初时正当冰川后退期，第一次世界大战时冰川重新前进，但1925年后冰川又普遍退缩。根据布吕克涅尔周期四十年代后或五十年代初又将是冰川前进的时期，这一点已被证实，首先是在阿拉斯加和落基山，其后在斯匹次卑尔根、格林兰、瑞典等地方也表现出来。阿尔卑斯山的各冰川在此期中前进得不明显，但趋向稳定冰川及前进冰川的数量有显著的增加，主要反映在瑞士境内，意大利境内的冰川没有前进，东Alps冰川也前进很少。应当说主要是表现在退缩中的速度减低或停顿。这个前进期应当在1958年结束，果然，1958年后我们迎接着世界性的粮食歉收，我们发生了严重的自然灾害。其所以这次变化很严重是因为这次变化和千年周期中的变化正好符合。本世纪内冰川的进退相应，二次大战期间和四十年代末五十年代初，欧亚大陆的湖泊也出现水位上涨的两次高峰。

20×20=400　　第 35 頁

第六节　冰川的进退

根据上述，现在我们好像要经历一次冰川强烈退缩的时期。

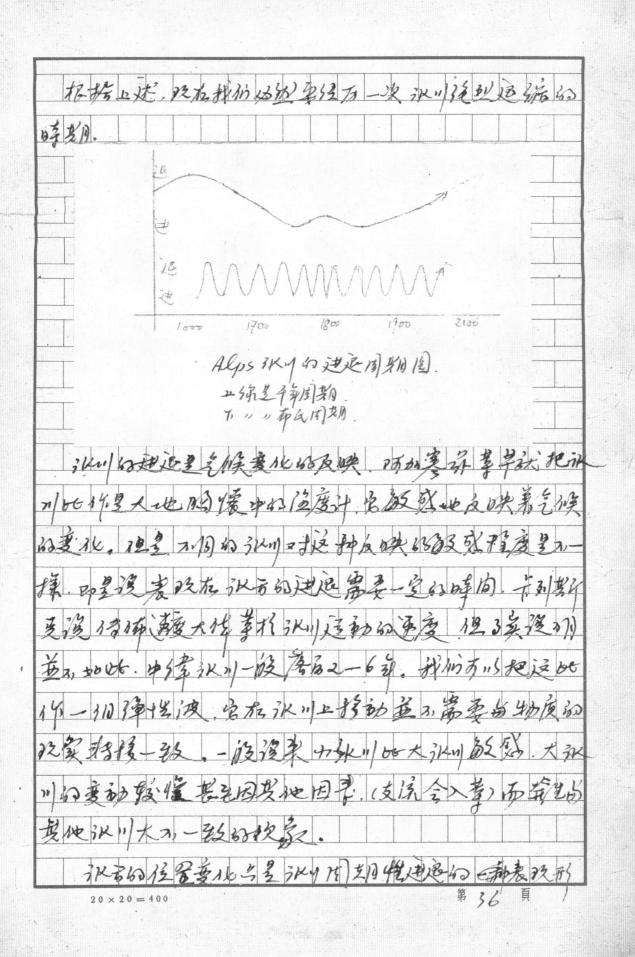

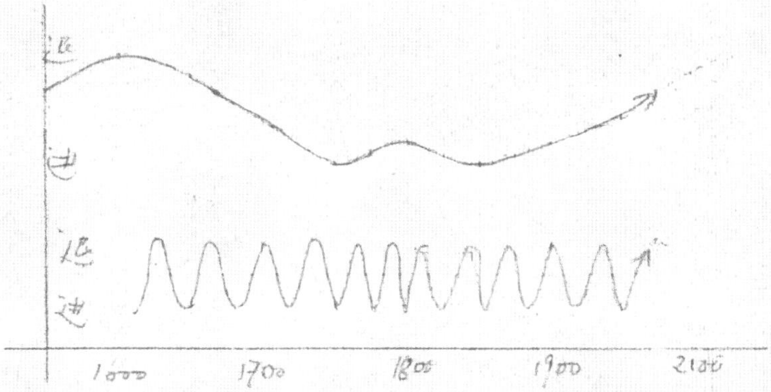

Alps冰川的进退周期图.
上线是千年周期.
下〃〃布氏周期.

冰川的进退是气候变化的反映，阿加西等早就把冰川比作是大地胸怀中的温度计，它敏感地反映着气候的变化。但是不同的冰川对这种反映的敏感程度是不一样，即是说表现在冰舌的进退需要一定的时间。卡列斯尼克说，传播速度大约等于冰川运动的速度。但事实说明并不如此，中纬冰川一般落后5—6年。我们可以把这比作一个弹性波，它在冰川上移动并不需要与物质的现实转移一致。一般说来小冰川比大冰川敏感，大冰川的变动较慢甚至因其他因素（支流会入等）而发生与其他冰川大不一致的现象。

冰舌的位置变化只是冰川周期性进退的一种表现形

20×20＝400　　第36頁

成正比。其他雪线的变动，冰川面积的增减。阿尔卑斯的雪线据说在1820—1850年间上升了90—95 m. 而自1850年来则上升了100—200 m. 总之在以前上升了400—500 m. 高加索雪线一世纪来仅上升了75±15 m. 而在格林兰东北部上升了150—200 m. Alps的Gran paradiso区冰川自1850—1931年面积减少了20%。瑞士冰川在近30年来减少了25%。全阿尔卑斯山冰川自1870年以来共减少了36%的面积。在1890—1933年间高加索山的[illegible][illegible]的东南部冰川面积减少了2/3。当冰川雪线上升，面积减少同时，冰川厚度也减薄。这在冰川物质损耗上最为严重。有名的罗河冰川1887—1907年二十年间减薄14.1 m. Aletsch冰川18[illegible]1—1947减薄了52 m。pasterze冰川1856—1944年以来面积减少28%，冰量减少1.27亿立方米。比利牛斯山的小冰川则很多消失了。关于中亚西部冰川退缩的情况，我们提不出很精确的数据，但从冰舌前端新终碛的位置来看，在祁连山显然起码退了100—500 m. 厚度也显然减薄。一般侧碛堤高出冰面20—30 m. 可见冰川减薄是很惊人的。

由于冰川补给条件不同，各地冰川的进退幅度有很大差异。阿拉斯加冰川湾的冰川是海洋性冰川，在33年之间

20×20=400　　第 37 頁

竟退缩了24—26 Km。而自1794年来竟退缩了97公里。阿尔卑斯冰川在1850—1950年较大，一般为退缩2公里左右。罗讷河冰川1818年以来后退了1.6公里。Hintereisferner冰川1856—1918后退1.2 Km。Vernagferner冰川自1850年来后退了3.5 Km。高加索冰川一世纪来后退500—1000 m。费德钦柯冰川1933—57后退了280—300 m。木扎尔特冰川~~1902—1953~~[五十年来]后退了~~1500—2000~~[750] m。祁连山冰川尤上到迷退缩很少。

布雷克涅尔周期也在冰川前端留下新的冰退终碛。在挪威、北美阿拉斯加，均曾很好地记录到这些终碛，但并不一定全很完整，有时只以消融碛的方式出现。祁连山较大的冰川前缘多有三道终碛垄，相距并不远，但独立性很显著，可能与上世纪中叶以来的三次后退中的停顿有关。

除了布雷克涅尔周期外，太阳黑子11年之周期据说也能形成独立的终碛，这在阿拉斯加东南部的明顿赫尔、哈伯特等（均源于朱诺冰原）冰川前受到很好的验证。应该说，这是由于该地冰川活动性特强的缘故。大陆气候下的冰川，冰川作用能量较小，不会那样敏感，也不会留下清楚的地形证据。

20×20＝400　　　　第 35 頁

§7. 冰川的稳定性.

在这个题目下我们要谈：冰川本身的动态。在前一节下我们说冰川的进退是气候变化的函数。在总的方面这种提法是正确的。但在冰川动态的细节上，则必须考虑冰川所处的地形条件，更进一步还要考虑冰川本身发展的内在规律。从这种意义上来说，不能把冰川简单地看作是"气候的产物"，而应把它看作是特定的自然地理环境中的产物，并且是一个有着本身的发生、发展和消失规律的历史自然体。*

М.В. 特罗诺夫在"Вопросы горной гляциологии"(1954)一书中出色地阐述了这一观点。

首先，这里介绍一下特罗诺夫关于冰川适应系数的概念。

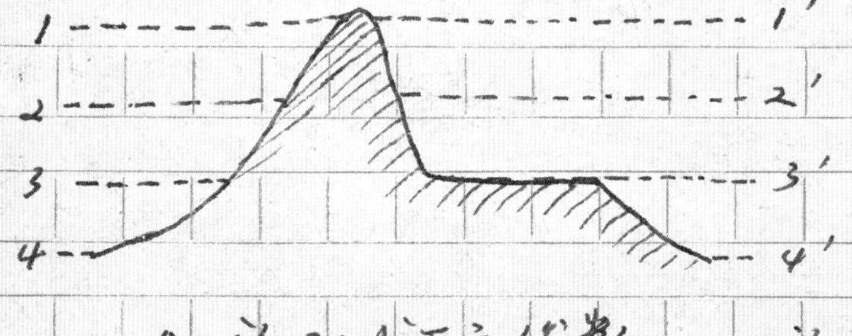

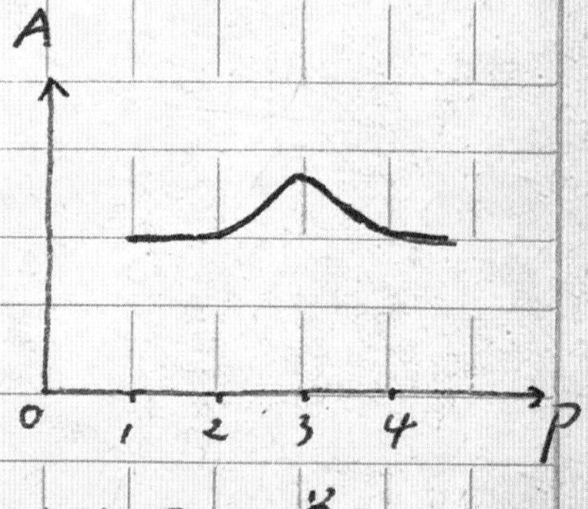

A 为冰川适应系数，P 为冰川作用正差。

20×15=300

* "河流是所在流域的气候在其他条件总的背景上的产物" 见 С.В. 卡列斯尼克(1955)普通地理学原理. А.К. 达维多夫(1947)

第　　页

S 为冰川作用面积

则 $A = \frac{S}{P}$

这就是说，雪线降低到33′的条件时，冰川的作用面积最大，也即是冰川的适应系数最大，最有利于冰川的发育。但进一步降低到44′时，则冰川适应性系数减小。这样就造成了雪线变化中，处于不同地形条件下的冰川有不同的反映。在前进发展的冰川中，雪线降至冰斗出口的水平时，则冰川将迅速增大，冰舌隆起，在阻塞效应作用下继续一个时期后，在雪线继续降低的情况下才条带式前进的长冰舌。处于后退发展的冰川，雪线上升到冰斗出口时，则冰川有显著的稳定性，因为前期巨大的粒雪盆的积累，完全足以在长时期中维持一个短小的冰舌。如果雪线进一步后退，到粒雪盆背后的山坡上，则粒雪盆全暴露在消融范围内，此时冰川将迅速解体，成为马蹄式的悬冰川，在当地的热辐射的影响下迅速后退以至消失。

在雪线长期固定的情况下，冰川通过剥蚀作用，把

20×15=300

第　　页

冰斗扩大或消灭刃脊彼此联合起来，这就无异于增加冰川的适应系数，使冰川的形态更趋于稳定。但是那种认为冰川可以靠本身的剥蚀，削平雪线以上的山头，从而自我消灭的说法，除了理论上可以作这种推测外，由于第四纪冰期为时不长，都难于成为现实。

冰斗冰川对地形有最大的适应性，这和冰斗面积的高度分布有很大的关系，雪线下降到冰斗底以下，则只稍许增加积累面积，冰舌只要稍许伸长即可使消融与积累平衡，从而保持冰川的稳定。而在雪线上升时，只要不超过临界高度B点，则盆地内消融面积很小，冰川靠四周山坡的冰量保持正形，在阻塞口处停顿或只在其下保持一个小小的冰舌，这就等于冰川靠缩小消融区来维持积累的不足，使

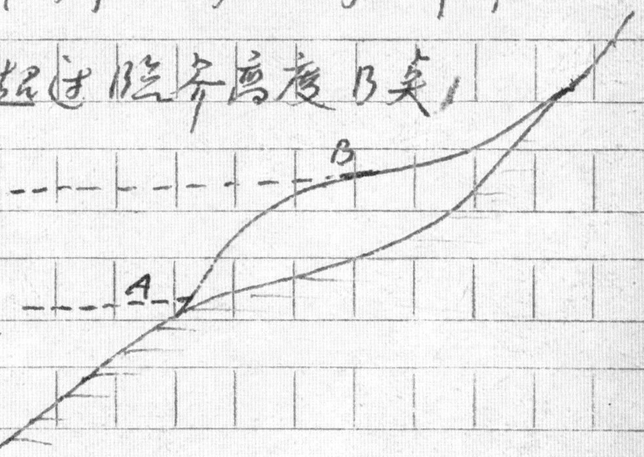

20×15=300

第 4 頁

冰川处于稳定状态。因此，对冰斗冰川来说，气候的变化（如果幅度不太大）并不能造成形态的巨大变化，这就是说冰川具有较大的稳定性。

对于干燥区的冰川来说，由于冰川作用能量小，这种稳定性表现得更加明显。从这个意义来说，干燥区的冰川生命力是很顽强的。在二十世纪中，我们确知比利牛斯山一些冰斗冰川消失了，而在高加索则新生了一些冰斗冰川。但对于像祁连山这些冰川来说，恐怕就不能那样快地发生变化。这是在今后的冰川研究中值得注意的。

复合山谷冰川的稳定性比冰斗冰川要复杂得多。它的稳定性是支冰川稳定性之和，但又反过来影响着支冰川的稳定性。支冰川的前进是主冰川前进的因素之一，但支冰川无须和主冰川同时前进，甚至有相反的趋向出现。但稳定的主冰川使支冰川也保持形态的稳定。主冰

20×15=300

第　　頁

川退缩只要不动支冰川脱离，则支冰川由于位置高仍然保持形态的稳定。若是当主冰川退缩而支冰川分离时，支冰川的积极性会突然提高快速地前进，这是由于失去了顶托阻塞作用的缘故（为水决堤）。此时如果支冰川早已是已经感受到积累的减少的话，则进突跃式前进之后，会出现急剧的消耗衰退。由此可见，由于主支冰川的阻塞效应，各自的动态十分不同，和气候变化并不严格符合。

由于冰川通过的谷地宽窄不一，坡度不一，同样产生阻塞效应。

以上的现象可以分析是冰川的应力的积累和释放。冰川遇阻时，应力的积累需要一相当时期，而一旦克服阻力则产生突跃式的前进。这一点对于理解山谷冰川的动态是十分重要的。如果一般地意，冰川的适应性高，则冰川反映气候波动很迟钝，长时期冰川类型不发生变

20×15=300

第　　頁

大变化。但当变化超过一定值（对不同冰川这些值不同，即雪线升降，降水，温度变化值）则到一定时期会产生冰川的总崩溃，崩溃之后的冰川又处於新的平衡之中。（指该地的气候—地形条件的平衡）因此说冰川不仅力求适应气候的变化，而且力求适应地形变化。它有它变化的规律，（阻塞效应，应力的积累，长时期的稳定，这是冰的粘滞性很大者，冰谷地也有着，水则无此特性）並能它塑造适合於它存在（稳定）的地形，也即是调节（提高）它的适应性。研究河流的地貌学家很懂得气候（降水）输沙量，流域形态，坡度，水量之间的密切关系。研究冰川的人还不能瞭解这一点，看来是急需改变这种落后状况的。

在谈到冰川的稳定性时，还不能不谈到冰碛的影响，最突出，土耳其斯坦冰川的冰舌带了很厚的表碛，保存了它，从而增加了它的稳定性。

20×15=300

第　　頁

本章参考书.

1. Общая гляциология 1939

C.B. Калесник.

2. The Quaternary Era (I) 1957.

J.K. Charlesworth.

3. Glacial and pleistocene geology.

R.F. Flint 1957.

4. Вопросы горной гляциологии

M.B. Тронов. 1954

5. Climatic accidents. 1942

C.A. Cotton.

6. 北半球山岳冰川世纪性变化的现代阶段

(苏)地理丛刊 1961, No: 1.

A.B. 施尼特尼柯夫

7 普通地理学原理 (中册)

中文版 1958. C.B. 卡列斯尼克

20×15=300

李吉均手稿
Manuscripts of Jijun Li

冰 川 学 讲 稿
Lecture Notes on Glaciology

第五章
冰川的地质地貌作用

大陆冰川“营力组合”

冰川作用

雪蚀作用

山岳冰川“营力组合”

磨蚀作用

拔蚀作用

冰斗

槽谷

悬谷

冰碛

终碛

磨光面

冰川擦痕

No:14

VI,

16300

第五章　冰川的地质地貌作用

冰川作用（glaciation，оледенение）按Flint的意见，应当包括某地区为冰川所覆盖的过程以及由于冰川的运动造成的地貌变化的过程，这就是说，冰川作用一语即已包含有冰川的地质地貌作用的意思。但是在实际应用上，往往只把冰川作用理解为地区積冰的过程，或冰川的分布及其性质。苏联学者则用得更广，以指各种冰的现象。有时，在谈到某地经过几次冰川作用时，又把冰川作用当作冰期的同義语。因此，根据大多数的习惯用法，我们把冰川作用限于地区受冰川覆盖的意思，也可包括冰川的演化。至于冰川对地形的改造，则是冰川活动的一个方面，应该单独叫做冰川的地质地貌作用，以与它的水文气象等方面的作用区别开来。

（geological nomenclature 的定义我们同意）

一般研究冰川的地质地貌作用均只能一般联系冰川本身的运动，并且把世界冰川的理解为似乎是千篇一律的，它在运动中搬运、侵蚀和堆积作用及其所造成的地貌地形。但是，必须指出，这是很不全面的。应当根据"营力组合"或者说叫人所用的"侵蚀体系"（这里用Erosion一字不确切，大体和denudation的广度相当）的观点来研究冰川作用地区以冰川的侵蚀作用为主导的各种地貌因素（营力）的综合作用过程，还要了解不同地区冰川的活动性不同（补给不同）。这样才能充分揭露不同冰川地区地质地貌作用的特殊性。这就是说：①冰川的地质地貌作用乃是由各种营力组成而以冰川活动为主的"营力组合"所进行的各种过程及其结果；②不同的冰川地区（性质不同，）"营力组合"有差别，因而作用有不同之处。

从冰川是一个历史的整体，有其本身的发生、发展和死亡的规律的观点出发，则冰川在本身的演化过程中地质地貌作用的表现是有差别的。运动的冰川，即"活"的冰川固然值得着重研究，因为它具有巨大的活动能力。但初生的冰川（冰雪堆积）和处于死亡中的冰川（死冰）的地质地貌作

30×25=750　本期第　頁

用也绝不容忽视。

§1 冰川地区"营力组合"

首次研究Alps地区冰川的地质作用的Venetz、J. de Charpentier、L. Agassiz根据三种標準確定了古Alps冰川比現在大的观点。这三种標誌是①漂砾或岩块来源在远处的碎屑沉積 ②有磨光及擦痕的基岩露头 ③由各种粒度的碎屑组成的無分选無层理的岩屑堆積，大至漂砾小至粘土。毫無疑问，这三种东西直到今天仍是鉴定冰川遗跡的重要標誌。但是对地貌学工作者来说只懂得这幾种东西就是十分不够的了，往往出现极大的原则错误。原因在于，在冰川作用地区，有着多种地貌营力在进行着作用並造成各式各樣的冰川侵蝕地形。这些营力有：冰川作用，機械风化（融冻（或冻融）作用）、雪崩、泥流、石流、冰川融水（冰上、冰下、冰前）、雪蚀作用。按照过程的一般顺序可分为：①機械风化（冻融）②各种物质移動 ③雪蚀作用 ④冰川运動 ⑤冰融水作用。因此冰川地区的各种地貌形态就是在这些营力的联合作用下形成的。而且，对于不同的冰川首先是大陆冰川和山岳冰川，其次是大小不同的冰川，冰川作用能量不同的冰川来说，营力组合是互有差异的，表现出来的地形也不一樣。　或形态综合体（Морфологический комплекс）

一、大陆冰川营力组合（及地形组合）

大陆冰川营力组合是比較简单的，主要营力是冰川的运動和冰川区的冰融水活動。機械风化等僅限于边缘带有石山突起在冰面的局部地方。大陆冰川雖然在其發展中是靠高起的地形为根据的，但成型的大陆冰川基本上不受地形的限制。它的运動的出發点不一定在地形高起的地方，而是在自己的堆積中心（最高点）。从该点开始冰川發生垂直的沉压运動，向冰盖外围才产生水平运動，这种水平运動是放射性的。按照德莫列斯特的想法，这樣的水平运動沿

接近底部为最大，即为挤压流。因此，在冰川的侵蚀力量很强。北美和斯堪地那维亚
成群的湖泊集中分布于正位于冰川强烈侵蚀带中。在芬兰，湖泊之多使地
被赋予千湖之国的称号。这种湖的延伸方向与冰流方向一致，是重建古冰川
流向及分布中心的重要根据。由于以侵蚀为主，这里的冰碛是不多的，以
芬兰某地为例，一般不超过20m，少数达80m左右。对于这个以侵蚀为主的
冰川覆盖地区，我们叫做冰川作用区的内带（Е. В. Рухина, 1960）。
在冰川处于前进和稳定期中，内带的地貌营力唯一是冰川的运动。当冰
川退缩到内带时，以北欧冰川为例，冰川发生本质的变化，从运动
的冰变为死冰，就地崩解的死冰块形成大量的冰面和冰下河流，冲刷
着冰碛，减少其中的粘土成分，形成很多规模巨大的蛇形丘。其长度常是数十公里，个别长达
100-200公里，在瑞典、芬兰、加拿大都有这种现象，其他还有众多的冰砾阜。这就是大陆冰川
内带的情况。在此带之外即为大陆冰川作用区的外带（边缘带）。外带
与内带不同是很显著的，首先是冰川厚度减薄。根据当时受冰川挤压的
基岩和粘土的受力状况推算，像在爱沙尼亚地区，冰川的厚度不过为
110-120m，有的推算为250m。不管怎样，在冰川的边缘厚度是锐减
的。无论如何它不会超过300-400m。在厚度如此薄的情况下，冰川的
运动主要靠地表或本身冰面的坡度，也就是说成为重力流。表层流速
大于底部，底部受到地面的很大阻力，而边缘带冰川底部比内带更富于
冰碛（主要是底碛），因而更加降低冰川的流动性。此时，冰川的流速大
大降低。在这种情况下，发生冰川的剪切破裂，底层的冰沿剪面上冲，相应
地，底碛转为内碛，以至表碛（逆冲倾斜）。大量的冰碛集中在冰川前
缘，形成明显的终碛。冰碛厚度至少数十米，很多100-200m，以至更达
350m。这种终碛堤
岗往往绵延上千公
里，它标志着冰川的

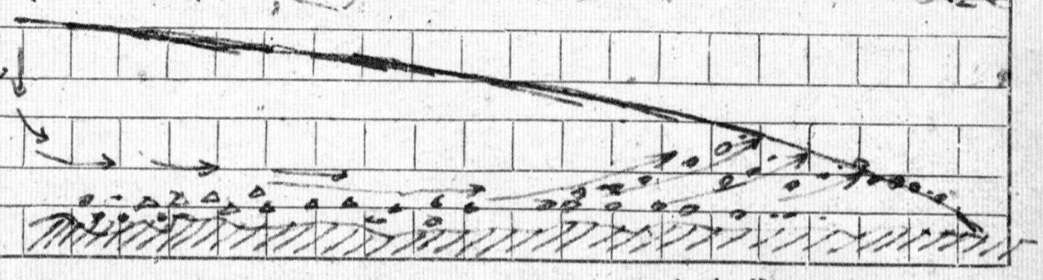

某一前进或停顿时期。每一条终碛都有他的名字。其边缘带冰碛中大都是在冰川前进期中形成的。冰融水较少，含有大量的粉砂及粘土。这是冰川经千里以上沿途不断磨蚀基岩和冰碛的产物，不论是大小粒子既然均像磨蚀的产物，都是有棱角状，这是颗粒外部形态最显著的特点。但大砾石就有较高的磨圆度。冰融水在外带也能造成一些蛇行丘，称为蛇堤，但以蛇行丘来说其规模远不及内带的很短小。此外，在这一带中由于上述粘土成分多，也很容易形成鼓丘。

以上都是在平坦的陆地上发生的情况。如果冰川外缘带地形复杂，则冰川的情况将很不一样，塑造地形也很不一样。如果遇到谷地，则冰川将向谷地集中。冰面上突起凹下，裂隙增多，流速加快，侵蚀能力也加强。所谓溢出冰川（outlet glacier）即是这样形成的。溢出冰川由于有冰盖作後部供给，补给量极为丰富。本身受地形所限，运动很快，因而也侵蚀作用很强。它是大陆冰盖或冰帽边缘最活跃最强有力的部分。许多峡湾即是由这种溢出冰川刻蚀成功的。它们像山谷冰川一样能挖掘许多串珠状的冰蚀盆地。

大陆冰川的外缘被一外冲平原（outwash plain）围绕。但除此之外常有冰水湖泊，甚至通海的海湾与冰川前缘相连。在冰川"脉动"或前进中，常出现海湖相的砂砾石层（中含各种生物化石）被消融冰碛覆盖的情况。这并不说明冰期与间冰期的交替。

在大陆冰川后撤中，如果有苔原带包围的话（北欧、俄罗斯平原），则苔原带后撤泥流作用和融冻作用会使各种冰川地形（主要是堆积地形）改观。最后才是正常流水重新开凿河道，或适应冰水河道造成新的水系体系。如北欧的维斯拉河、奥德河、易北河均受冰川边缘河道方向的影响。

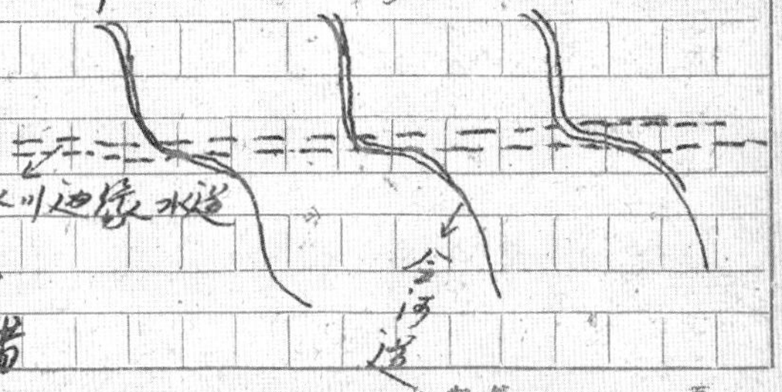

大体来说，大陆冰川的营力体系及其造成的蚀积作用就是如此。此中一是冰川的运动，一是冰融水的活动，它们相互交错

中国科学院高山冰雪利用研究队　　本文第 54 頁

在不同的地带和时间中发挥作用。

二、山岳冰川营力组合

山岳冰川的营力组合有比大陆冰川营力组合更为复杂的性质。这是因为它的地形复杂，冰川可以伸入几个相垂直的自然地带，因而伴随着的营力也较多。而且由于气候条件不同，营力组合也有差异。此中起码可以分为海洋性山岳冰川营力组合（亚）和大陆性山岳冰川营力组合（亚）。

（一）海洋性山岳冰川营力组合（亚）

海洋性气候区的山地，由于湿度大，冰川主要靠高年平均零度等温线不高，有时甚至是低于年平均零度等温度线。（前者如Alps山，后者如阿拉斯加海岸冰川及喜马拉雅山南坡冰川。）同时雪线高出森林线不多，如在Alps山一般雪线只高出森林线800米。冰川十分稳大，因而较大的山谷冰川的冰舌一直伸展到森林带以至农业耕作地带。在冰川总体前进时往往破坏山坡上的森林草皮，冰川变后退后相当年内还能留下条清楚的修切线（trim line）。这在Alps及阿拉斯加海岸均能见到这种情况。在森林线以上直到雪线附近分布着高山草地及亚高山草地，成为良好的夏季牧场。所谓Alp即是高山草地牧场的意思，其地形部位是各式各样的，大体上包括冰斗草场、槽谷肩以上的平缓山坡、山嘴，以及未被冰雪掩覆的谷地、和缓的山坡。显然，由于冰川覆盖区外围都有植被，因而也就有相当厚度的土壤，在成土过程中发生大量的粘土物质，对于这种地区来说，除了发生缓慢的泥流以外以及冬季的雪崩，坡面缺乏大规模的成片的物质移动。因此坡上对冰川提供的岩石碎屑是不多的，因而冰川侧碛不很发育。由于湿度较高，寒冻风化也不很发育，因而坡地的剥蚀过程也是缓慢的。因此，修切冰川作用很强盛，在冰川侵蚀不及或较弱的地方，前冰期的地形都能保存。冰冻风化只有在接近雪线的陡峭坡（山峰）或以前冰川不常为冰雪覆盖的坡上很强烈。并且由于雪崩的缓坡

30×25=750　　本期第　　頁

山坡上崩落部分有着很强的地质作用，把大量的岩屑物质带到谷底，沿途并能破坏森林、农田，对河谷居民和村庄聚落带来巨大的危害。

对海洋性山岳冰川而来说，地貌营力中最强有力的就是冰川作用，由于冰川的温度高，物质补给丰富，因而冰川作用的能量很大，冰川的厚度也大。在阿尔卑斯山，各主要冰川厚度均在300~400米左右。它们在运动过程中有强烈的侵蚀作用。这种侵蚀作用主要是磨蚀作用(grinding)和拔蚀(挖掘)(экзарация)作用(plucking)。冰川之所以能磨蚀谷槽及谷壁主要是它携带有大量的底碛。这一点和河流靠推移质磨蚀河床是一个道理。在海洋性冰川具有强大的磨蚀作用的最明显的证据就是所谓"冰川乳"(glacial milk)的存在。融水中大量的泥质粉土，就用冰川的磨蚀来解释。冰川的拔蚀作用是冰下融冻风化的产物。即是说冰融水渗入有裂隙的岩石，冻结后使岩石裂开崩解，而冻结的冰和冰川底部连为一体，冰川继续前进，也就把岩石碎块拔出搬走。(因此，正确的译名应当是拔蚀作用，但俄文的Выпахивание则是真正的犁蚀)。这种作用造成冰下的凹坑。凹坑处冰与谷床接触不紧，故冰的压力减小，压力高的地方产生的融水(由于压力使冰融点降低及摩擦生热，而发生冰川底部的局部融化)到这里由于压力降低而重新冻结，因此凹坑不断扩大。凹坑的上方一段是岩石节理不发育比较致密的地方(否则也包括在凹坑的范围内)，那里冰川挟带岩块作块体移动或塑性流动。冰川除磨蚀外不能进行更强的侵蚀，这样，在冰川床上就造成一个个小的冰蚀盆地，形成冰川床的阶梯状的纵剖面。由于海洋性冰川接近融点，冰川融冻交替发生得比较频繁，加上冰川的厚度大压力大，冰川的磨蚀作用和拔蚀作用都十分强烈，因而海洋性的山谷冰川具有很大的塑造冰川槽谷的能力。

一方面是雪蚀作用在海洋性气候下很活跃，有助于冰川形成，但

海洋性气候条件下，冰斗的发育十分典型，这主要归之于冰川的活动性强，沿冰川背壁下进行的背壁底部的挖掘撬掘作用(sapping)以及冰川的在粒雪盆中的旋转式运动(Rotation)使冰斗背壁不断后退，冰斗底部被磨蚀变低，这样就形成典型的安乐椅状的冰斗。

在海洋性气候条件下，冰下径流十分发育，在这种情况下，冰下河道对冰川床本身可能产生某种侵蚀作用。

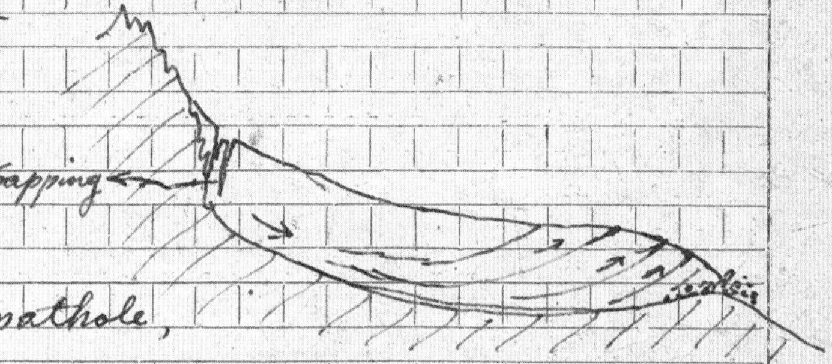

所谓冰川锅穴(glacial pothole, moulin pothole, giant's kettle)显然是由冰下河流造成的，其位置直接在冰磨房(glacial mill，或冰漏斗)的底部。但是，要把槽谷中的许多大峡谷也当作冰下河道形成的，则证据尚嫌不足，受到许多人的反对。但是，其中边缘槽谷的冰融水必然有巨大的下蚀力量，而可能造成边缘的侵蚀谷道。一些冰坝在冰川变薄时即被冰融水切穿形成风口。

海洋性的山岳冰川侵蚀能力很强，因而槽谷往往很深，达到上千米的深度。Alps山冰前期的地形是相壮年期地形，这样深的槽谷显然与谷肩以上和缓的山坡不相适应。因此，冰川地形是嵌入在前冰期前壮年期地面上的。A. Penck ~~正是根据这种地形不协调的现象~~提出他的冰川过量下蚀论的(overdeepening)乃是冰川侵蚀下切论的代表。

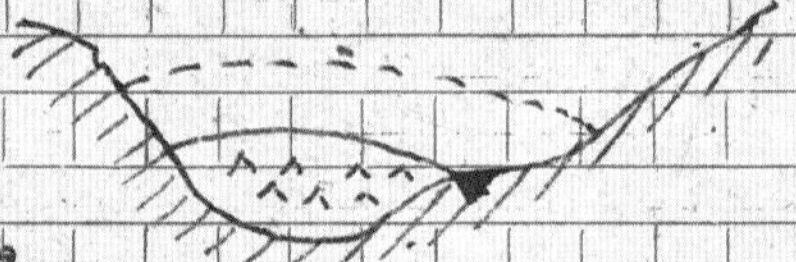

总结上述，对海洋性冰川区的营力组合来说具有这些特点，即：强烈的冰川蚀积作用，中度的寒冻风化及物质移动(主要是泥流、雪崩)、~~(主要指雪蚀作用)~~一定程度的冰融水作用以及冰斗形成中有显著的雪蚀作用。

30×25＝750　　本期第　頁

二）大陆性山岳冰川营力组合

苏联地貌学家И.С.苏金早就指出（1946）干旱区高山的外动力过程和海洋性气候的高山外动力过程远不是一样的。这种不同首先在于，大陆性冰川所用能量很低，冰川的地质地貌作用远逊于海洋性的高山冰川。另一个特点则是寒冻风化特别强烈。在高山草甸带以上分布有一个高山荒漠带然后是冰川带。在一定的坡度的条件下，产生着强烈的石流（岩堆及代表松散物质移动）石带，这个地带在西伯利亚（贝加尔区）被叫做荒漠带。（20.16.50.6a.9 30Ha）。其实，即使在Alps山的东段，这个地带也有表现。这个带的出现取决于地区的大陆性气候条件。

在上世纪末和本世纪之初，地貌学家曾有冰川侵蚀论和冰川保护论之争。持冰川保护论的人认为，冰川不仅不能强烈侵蚀地表，而且使地面免于受到强烈的冰冻风化以及流水的刻切作用。冰川槽谷是间冰期中悬谷为冰川保护（支冰川存在）而主谷被流水刻切的产物，在冰期中只是稍为被冰川修饰而已。这种观点受到冰川侵蚀说拥护者已故戴维斯在内的许多地貌学者的反对，最后放弃了自己的阵地。但正如E.A.怀顿在总结二说之争时说，在一定的限度内冰川保护作用是存在的。冰川保护论者E.J.加伍德（Garwood）（1902）曾指出Alps山南坡及西坡冰斗比北坡和东坡的冰斗分割得厉害，原因就在于，前者的冰川早消失，流水侵蚀强，而后者则因冰川延续较久相对起了保护作用。这一点当然是容易理解。德莫列斯特（1937）在研究大陆冰盖的侵蚀作用时指出，当冰盖到达走出冰期前的地区较数年后时，冰川由磨蚀阶段进入以拔蚀（掘蚀）为主的阶段，他认为，在此时比之流水作用来说冰川的保护作用有甚于侵蚀作用。Von. Engeln在研究河道特征如冰碛河流和非冰川补给的河流的相对负载时，曾指出，冰川的磨蚀拔蚀有甚于单纯的流水侵蚀及露(?)地空下侵蚀(Subaerial Erosion)。显然，这是海洋性冰川的情况，但是对于大陆性冰川来说就不一定可信了。像祁连山的冰川就缺乏Alps山十分常见的"冰川窝"。显然冰川的磨蚀作用是微弱的。另外，冰蚀作用，根据B.中.别罗夫在喜马拉山的研究，他认为由于该地的冰作用是冷侵蚀冰，故冰下温度很低，不能造成日夜交替的融冻风化作用，因而冰碛及小冰川都是一种保护作用，不能造成冰蚀冰斗，带状冰斗都应当是冰川前身运动时造成的。显然对于我们祁连山这些地方来说，这也应当是有效的。一方面由于负温的雪蚀作用不强，另一方面则是由于冰川的能量很低，因而不能造成典型的冰斗。对于较大的冰川来说，其下蚀能力也是不大的。因而我们看不到典型的槽谷尤其是槽谷中缺乏串珠状的冰蚀盆地。甚至也难以发现典型的羊背岩之类的地形。在这种情况下我们可以有条件地接受冰川保护论的思想。的确，在祁连山中我们看到冰川地形多半受前冰期或间冰期地形的控制的。有些谷地虽然曾经是冰流经过的地方但形态仍是尖锐的V形，主要应当说是冰川能量不大的原因。

但是，由于裸露在空气中的广大非冰川地区存在极为强烈的寒冻风化作用，山坡上形成庞大的石流石海，碎屑物质整层整片地往谷底移动（尤其在夏天），这样就使冰川从侧方获得大量的冰碛物质来源，久久而形成巨大的侧碛堤。相形之下，终碛往往是不十分发育的。~~这相应地表明冰川在底部的侵蚀作用是不强的。另外冰川死亡冰舌若被埋藏，就成为死冰，冰川的[illegible]以消融[illegible]也是原因。~~

由于地表裸露（只常常只有斑状的苔藓、地衣、玉蓝(?)，偶尔有禾本科的草类），全部是机械风化，结果也能造成一些粉砂级的以及亚粘土的细粒土。但较之湿润性气候地区则大大减少，因而物质移动是石流、泥土流、石带、石河、石海等类型，在坡上有固定通道时则有岩组大量发育。

冰融水在大陆性气候区的冰川区应当给以重大注意。固然，由于融水不多，更不可能有巨大的冰下流水侵蚀的能力。但由于坡上供应的岩屑物质特别多，因而这种物质在冰融水的搬运下在冰川底部、侧方、冰川外围形成巨厚的冰水沉积。如果冰川足够长大（以前达山谷很长几十公里就足够了）则冰水搬运的石块可以磨得很光滑，而这些冰水沉积能形成很显著的冰水阶地。显然，冰融水的强烈活动只有在冰川退缩时期才能发生。

§2. 山岳冰川的地貌类型。总的来说，大陆性山岳冰川以冰川侵蚀作用较弱为特点，但由于周围山坡寒冻风化强烈，冰碛堆积以侧碛为主且较巨大，终碛不发育。一般冰川前方是零散的冰碛丘陵。在冰川后退期中，冰融水活动能造成大量的冰水堆积。

§2. 山岳冰川的几种地貌类型

一、冰斗（Cirque and Corrie.）

J. de. 莎潘蒂尔第一次应用了冰斗这个名字来指半圆形碗状的凹地。它的背壁和侧壁高而陡峻，顶部是锯齿形的山脊。背及侧壁的高度比冰斗底一般高300—500 m。但在南极有一个叫Walcott的冰斗背壁高达3,000 m（宽达10英里）。背壁的坡度随岩性而变，在坚硬岩石中坡度大，在石灰岩地区更陡。冰斗的底部大体作（在平面上）半圆形或马蹄形，有些也可能伸入山中且把冰斗分为几个部分。横剖面常为U形，尤以在灰岩区最明显。典型的冰斗底部应有一个冰斗湖或沼泽化的凹地。但是有的冰斗不仅不具备冰斗湖而且以急剧的坡度通向主谷。因而前者叫做"封闭"冰斗，后者叫做"敞开"冰斗。冰斗可以以冰斗的形式分布在主谷两侧的山坡上，也可以分布在谷地的源头。科顿这样把后者叫做谷源冰斗（Valley-head cirque）而对前者专以"Corries"称之。但在英文中这种区别不大，时常混用。但在中文里面我们可以很清楚

中国科学院高山冰雪利用研究队　　本文第 11 頁

地。把谷底冰斗叫做围谷（因为它一般是复式的且有更显著的谷的形状），而以冰斗专称山坡上简单的半圆形凹地。

冰斗可以发生在各种岩石中，但岩石的结构和构造对冰斗的形态影响很大。在结构和硬度均一的而地层水平或向山坡倾向相反的岩石地区，冰斗的形态最完整。如果地层或节理是倾向谷地，则冰斗多呈开口的，冰斗底倾向河谷，后壁坡度比侧壁缓。在不同硬度的岩石水平叠置之地，冰斗发育条件最好。

有利于冰斗形态发育完整的有四个条件：①冰期前的谷地形状有足够的空间让冰斗发展，而不相互妨碍。②气候条件不能寒冷，以致于把冰斗之间的分水岭及高地全部覆以冰川。③岩性构造均一。④冰后期的侵蚀及剥蚀弱。

冰斗的形态是识别冰斗的重要根据，但是并不是所有具有冰斗形态的地形都是冰川造成的。这就是所谓假冰斗（pseudo-cirque）。在较干燥区风蚀可以造成假冰斗地形，在大埃及的石灰岩沙漠以及撒哈拉多大山谷以上的高原都有假冰斗的记录。在石灰岩地区很容易发生假冰斗。单纯的溶蚀作用可以造成冰斗，在牙买加等地区有很多记载，在美国西部大角山地更是最初发现这种溶蚀地形的地方。在我国华东丘陵山区，有许多这样的类似冰斗的地形，在广西喀斯特地区也如此。它们之中起码是绝大多数是不能用冰川作用来解释的。

最初的冰川学者和地质学者是不承认冰斗的冰川起源的。有的认为那是火山口，有的则以为是岩溶蚀的产物。也有一些学者则以为冰斗是被冰川修饰过的"斗淋"（灰岩坑）（doline），还有人以为冰斗是构造陷落的结果。有人以为冰斗是冰期前流水的产物，但不能解释何以它有半圆形而契合冰檐存在。

正是因为上述解释都极欠说服力，因而当A.C. Ramsay于1860年首次提出冰蚀成因的解释时，很快就为绝大多数地质学家所接受，直

30×25=750　　本期第　　頁

到今天仍然存在。冰斗是冰蚀成因的，这只要看看世界冰斗的高度和雪线（古今均包括）的关系就可以明白了。世界上冰斗的高度也是由低纬向高纬减低，由海岸向大陆内部升高，由山体边缘向山体内部升高。如冰岛西北部冰斗高200—400 m Alt；挪威中部1,000—1,600 m Alt；喜马拉雅山4,000—5,000 m Alt；秘鲁安第斯山4,300—4,600 m Alt；巴塔哥尼亚1,000 m Alt；新西兰，600—1,200 m Alt；在诺福登岛、芬诺斯堪底半岛北部、拉布拉地北部、格林兰和阿拉斯加的部分地方，Tierra del fuego以及南乔治亚岛（均接近南极洲），冰斗的高度可以在海面上，或在海面以下，使峡湾成为特别宽和半圆的形状。（另外在美国西海岸太平洋某岛屿的水下斜坡上有冰斗发现，显然这是地壳沉降及海面在冰后期上升的共同结果。）既然冰斗与雪线有密切的关系，可以大体上代表雪线，则冰斗高度可以作为雪线重建的最直接的证据之一。但是在应用此证据时必须了解，冰斗既可以在雪线处形成，也可以在雪线以上的适宜地形部位形成。因而冰斗更不成层，個别冰斗高度的差别不能代表雪线的变化。另外成排的小型冰斗（Corrie）是能较确切地代表雪线的。

（最有利于冰斗形成的条件是年平均气温接近零度的地带。在温度过低的地方，如今日的南极海岸，融冻作用不能进行，不利于冰斗形成。那裡的冰斗是在过去比较温和的气候条件下形成的。）

冰斗在北半球主要分布在山地的北坡及东坡，因为这种方向是阴坡有利于积雪，这是冰斗的冰蚀起源的又一证据。但这并不一定到处如此，盛行风向、山地高度、冰前期地形都能影响到冰斗的分布位置。既然冰斗多在北半球分布在北坡和东坡，其背壁的后退常造成山脊的不对称，阴坡有冰斗为凹坡、阳坡则多为凸坡。

霜劈（Frost-Riven）作用曾经被赋与重大的意义，認为冰斗主要是由这种作用造成的，但只有在冰斗冰川顶部未被雪掩埋的冰川作用早期和晚期这种作用才存在，而根本问题是霜劈作用不能使冰斗底部加深形成半圆形

十二章 Ⅳ 2 No.15

第 1 頁

塌。因此霜劈作用也就是冰斗形成的因素之一。它的重要功能在于造成尖锐的锯齿状的刃脊。

造成冰斗底部下凹形盆地的必然是冰川流动中产生的磨蚀和拔蚀作用，尤其冰斗后壁供应的大块岩石碎屑乃是冰川进行磨蚀的重要工具。

冰斗向后进行后退侵蚀的原因在于背隙挖掘作用(bergschrund sapping)。W. D. 约翰生曾经亲到加州内华达山的奈伊尔山冰川深达45m的背隙底部考察，发现该处的岩石已被冰冻风化崩解成碎屑，他认为这是温度变化造成的融冻风化。这些碎屑连冰一起和冰川体粘连，当冰川运动时被拔出。同样的观察在斯堪地那维亚和Alps都做过。这种基底挖掘既向后方也向下扩展，但向下扩展受到冰川运动的限制，不能低于冰斗底部(总是高一些)，因而冰斗底部大都是平的。后退则是无限制的。如果岩石富于节理(结晶岩、节理多的变质

20×15=300

岩）或层面水平，愈有利于背隙的向后延伸。这种挖掘力量很大，在南极见到一些长达6m的巨岩块被搬走45m，而其凹坑仍然清楚可见。背隙处冰最冷最硬，有许多挖掘工具，故有很强的挖掘及拔蚀能力。

约翰生的观点在美国及许多国家都被公认。尤其在Alps一些冰期时冰盖全部掩盖山顶的地方以及冰前期背壁坡度太缓的地方冰斗不能发育，均从反面证明了他的结论。因冰盖全覆盖及坡度太缓均不能造成背隙产生挖掘作用。背隙壁保存冰斗底的突然转折也是冰斗背隙挖掘作用的证据之一。

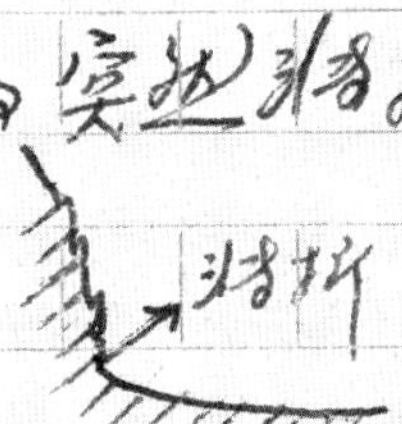

Sapping 显然取决于每日的尤其是季节的和短期的温度变化通过融冻上下来进行的。背隙可以和大气交换热量，发生空气流通，促进融冻破裂（可能是引导作用），另外，水分下渗或有余水在背壁底部发生冻结均有利于挖掘作用进行。背隙每年有变化，随冰川增大、积累加厚而上升，随雪量

20×15=300

第 3 頁

减少而下移，因此雪线及季节时期摆动的地点不同。当冰斗的侵蚀作用增强，山头全覆以厚冰时，背墙不断后退并伸示刮蚀挖掘作用，最强烈的是在雪蚀作用开始或结束的时期。雪堆的存在对形成冰斗有巨大的促进作用。雪堆边缘接触的岩石受周期性融冻作用及溶蚀作用（冷水含很高的 CO_2 成重碳酸盐水）使岩石破碎，而在融水的搬运下被搬走。这种作用長期继续就使山坡上出现凹地。随着气候的进一步严寒雪变为冰形成小型的冰川，这样前述的各种作用均相继而来，冰斗由是形成。对于这种作用马塞斯（Matthes 等）叫做雪蚀作用（Nivation 或 Snow Erosion）。由雪蚀凹地到冰斗有一系列的过渡类型。雪蚀是冰斗形成的重大的辅助力量。在有利的条件下亦以形成小型的雪蚀冰斗，其位置与永久雪线附近的谷地有关，如在挪威高原即如此皆是。但绝大多數冰斗是由过去的水蚀凹地（集水漏斗）演变而来的。既然如此，它就不能不受冰期前地形的影响。许多国家的冰斗显然是冰前期

20×15=300

第二节　山岳冰川的几种地貌类型

的集水漏斗的分支。有些槽形谷口并不能发展成冰斗也与冰前期地势太陡有关。

冰斗靠后退侵蚀来扩大，并消灭背后的山峰。有人据此推想，可能有冰蚀夷平面的存在，这是不可能的，因为在大冰期还不够长到使冰斗能消灭山峰的程度。但是，在退蚀很强的情况下仍有出现冰斗的联合，刃脊的切穿，并在两冰斗出口之间仍保持一锥状的孤山。在祁连山也见到这种现象，表明该处冰川形态已发展到相当成熟的地步。更进一步发展是困难的，因为山峰的减少，使地势降低，不利于积累冰川，从而造成自我灭亡的条件。但是，如雪线继续降低，山岳冰川发展成冰盖，则冰流将有刨蚀山头的作用，这在挪威、格林兰冰盖的底床边缘是屡见不鲜的。此时，冰流将使冰期早期形成的冰斗刃脊等钝化。如果冰盖退缩，重新在底床边缘形成冰斗冰川，则冰斗又将再度发育。按照多变的意见，北大西洋沿岸的许多冰斗，都是冰期后段以至冰后期小冰期中冰蚀作用和冰斗冰川作用的产物。

§二．槽谷

槽谷是山岳冰川中最常见的地形，首次为A. Penck（1894）年提出，"Taltrog"，译为英文即"trough"，俄文为"Трог"。按E. de 马东的说法"冰川"和所有流体一样，趋向于使它的谷道变为半圆形的剖面"。一般的山谷冰川的槽谷具有一個U形的底，极陡的谷壁。巨大的槽谷底部平坦。小规模的槽谷则较近V形，但大体作悬链状。巨大的槽谷底部往往为后期坡积和流水冲积物掩埋，底部更平坦，有些冰蚀形态不见。

A. 彭克认为槽谷是冰期前壮年期谷地受冰川的垂直下切发生"过量下切"(Overdeepening)而成的。古

20×15=300

第二节　山岳冰川的几种地貌类型

第 6 頁

"过量下切"同时发生的还有"过量变陡"(Oversteepening)E. de 马东以为冰川要把冰前期的V谷改造成U谷无须大量的下切，只须要侧方扩展(lateral enlargement)就行了。过量下切之能应用在破坏正常的平衡剖面的意义上。例如在山前造成低凹的冰蚀盆地。

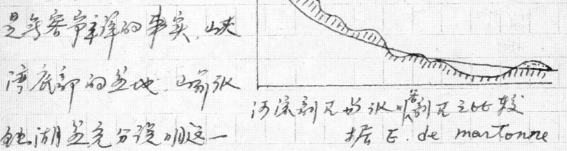

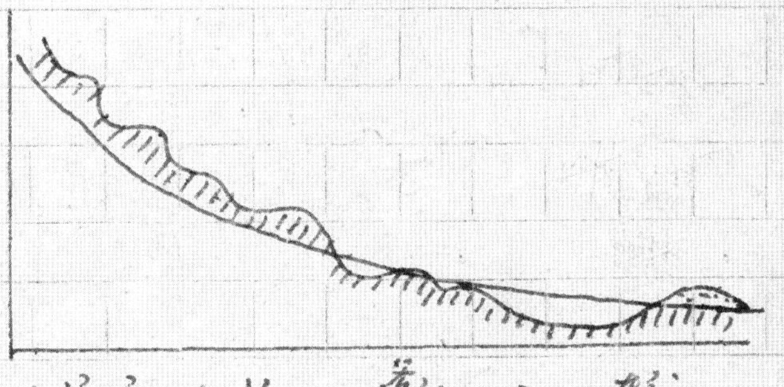

河流剖面与冰川谷剖面之比较
据 E. de Martonne

冰川的磨蚀下切是无容争辩的事实，山峡谷底部的盆地，山前冰蚀湖盆充分说明这一点。(Alps 山前许多这种冰蚀湖盆)。冰川之所以能刨蚀是由于有刨蚀的工具(冰内夹石)有冰下融冻风化(压力变化可造成，另外在大的冰川底部由于地热或压力摩擦等即使冰内气温极低，冰川底层可能仍然是接近融点的)有挖蚀作用。因此大冰川应当有巨大的刨蚀谷床加深谷底的能力的。但是，当冰川厚度不大运动很慢

20×15=300

或冰前期谷地处于宽广时，冰川侵蚀力量是微弱的。因此，冰川能否造成巨大的下蚀和侧蚀，视具体的地理条件而定，不能一概而论。

当冰川具有强大的下蚀能力时，槽谷底部的典型形态是串珠状的冰蚀盆地和冰坎交替出现，冰川后退则往往形成湖泊。天山博格多峰北麓冰[illegible]川谷中就有这种现象。在槽谷的顶部（围谷口以下）及主支流相交处由于侵蚀加强，常形成槽谷阶梯。

在海洋性气候地区，冰舌伸至高山草甸以至森林带，谷地上部未被冰川覆盖者仍受流水侵蚀，随着冰川的向下侵蚀，上部谷地在流水（坡）作用下成V形，下部谷地成U形，而在冰后期流水下切则成Y形谷。。

在气候严寒的条件下，冰川退缩但寒冻风化仍然强烈，则槽谷两侧常有大量的岩锥，大量的岩屑堆积会完全改变U谷形态，在泥流和流水作用下谷底变得

20×15=300

第二节　山岳冰川的几种地貌类型

第 8 頁

更平坦，并削去一些小的冰蚀凹地。如果U谷底边以上有積雪则发生雪崩时常在U谷脚下造成"雪崩堤"(avalanche Ramparts)这是岩石碎屑沿雪崩槽下滑的结果。

槽谷是冰川作用的标志之一，但却不能以为一切槽谷形式的谷地都是冰川造成的。雪蚀作用可以造成槽谷，喀斯特地区的河谷也多为槽谷。其实一般剥蚀处于均衡状态的壮年期河谷大多也是槽谷形式的，它们不仅是有宽广的谷底而且有类似切平山坡的现象。但这是河流侧蚀造成的。辨别流水和冰川槽谷的方法是 ① 注意有无相关的地形和沉积，如冰斗，冰碛，岩石盆地，冰蚀磨光面，擦痕 ② 支谷是否以悬谷形式出现。对于壮年期河谷来说 主支流一般是协调的（也有個别例外）。但是，对于这些谷形冰川谷地来说我们应叫做箱状谷地，而不应乱用槽谷名称。

20×15=300

第 9 頁

三、悬谷

河流主支流协调是普遍规律，但对冰川谷来说，不协调则是普遍规律。在主冰川谷的两侧，支冰川或冰斗来汇时总是以悬谷的方式出现。这种现象本身说明冰川是有下蚀力量的，主支冰川冰量不同，因而下切深度不同。如果两支冰川会合，但大小相等，此时无主支冰川之分，但汇合后的干流由于冰量突增，下蚀力量也加强，这就会在会口以下形成横贯谷地的悬谷（或槽谷台阶）。峡湾两侧的悬谷规模最大，往往在千米以上，这是由于峡湾是冰盖或冰帽边缘的主要通道（最常见的悬谷是主冰川谷两侧由冰斗冰川组成的或构成的悬谷
下蚀力特别强）。冰川后退后，悬谷往往形成壮观的激流飞瀑。流水在悬谷口形成狭窄的峡谷，它是判别冰退后侵蚀量的根据之一，反过来又可说明不同悬谷解除冰川作用的久暂不同。

但是，并不是所有悬谷都可以解释为冰川作用的结果。

20×15=300

因此我们必须善于判别真正的冰川悬谷和非冰川悬谷。①首先，强大的冰舌流入常态侵蚀区，主谷为冰舌占据，造成深切的槽谷，但支流却不一定为冰川占据，支流甚至经常向冰舌注水，提高冰舌的温度，促进冰舌的冰内和冰下融化，土尔其斯坦冰川的冰舌往往就是如此。但是，此时的悬谷本身的谷型不是槽谷，易于辨认。

②石灰岩地区，由于主谷类似槽谷（箱状谷地），而灰岩区的水可穿过地区或地下袭夺，使袭夺河水量突然增加，主谷快速下切，主谷两侧的支谷跟不上下切因而形成悬谷。同时，由于灰岩区的支谷往往成漏斗形状，易于使人误以为是冰斗。这样造成假槽谷、假悬谷及假冰斗的结合往往使人得出该区曾经过冰川作用的错误结论。因此，在灰岩区工作对冰川地形要特别谨慎。

③河流袭夺也造成主流迅速下切使得支流下切不适应造成悬谷现象。④另外，如果掀升轴与主流垂直，掀升后

20×15=300

第 11 頁

主流坡度加大发生下切，而支流坡度不变并不加速下切。这样也会造成悬谷。⑮ 还有一种情况是根据自然地理的侵蚀循环学说，在幼年晚期或壮年初期主流达到均衡状态，已经下切成像々的箱状谷地，但支流尤其是两岸短小的支流，多没达到这种情况，因而形成悬谷。而且，如果指的是坡陡小涧的话，由于它水量很小，主要发生的是剥蚀过程，在地质条件许可的条件下往々发育成为漏斗状的集水凹地，外形颇似后被切，或修饰过的冰斗。在这种情况下也会给经验不多的人造成冰川作用的错觉。这种情况，我们在洮河、白龙江河谷是见到过的。川西北高原大渡河两岸的支流注入主流也有这种现象。⑯ 断层如果顺河谷的一岸发育，则被抬升的岸上小支流也会以悬谷的方式注入主谷。此时，断层三角面也会给人们造成冰川谷切平山咀的假象。以上种种悬谷在经验不多的人的眼光下都会成为冰川作用的证据，这是我们在工作中必须加

20×15=300

第 12 頁

求避免的错误。

主冰川谷两侧的悬谷或为成排的冰斗，或为冰斗退蚀形成的短槽谷，它们可以代表冰期中雪线的高度，它们的出口往往会形成一突出的岩咀（"bastion" O. D. von Engeln 1937年阐述此名）。这表明由于支冰川的冲击，主冰川在悬谷处主流线被推向另一方，从而在悬谷以下侵蚀力量减弱，形成一个突出的岩咀，我们可以把它叫做冰川保护岩咀（glacial protected bastion）。在河流强烈下切中支流顶托，也容易造成这种岩咀或冲出狭隘地。在同一条山谷中上部是冰川谷下部是流水侵蚀谷地，同样在支谷前都可形成冰川保护岩咀，因此必须善于区分二者。一般来说，冰川保护岩咀是光滑裸露的，冰后期切割也不会很深，而河流保护岩咀则上部覆有流水沉积（包括砾石以至粉砂级物质），而岩咀本身总是被深切峡谷本身切开。当然冰蚀悬谷和非冰蚀

20×15=300

悬谷和~~非冰蚀~~悬谷以及冰川支谷与流水河谷在形态及其他方面还有许多差别。

另外还有一种所谓"假"悬谷("mock" hanging valley)指冰川分流当分流消失后,谷口造成悬谷的假象。

四、冰蚀微形态。

所谓冰蚀微形态,我们指的是羊背石、卷毛岩、磨光面、擦切痕、磨冰臼、三角面、槽谷肩以至大小的冰川擦痕等冰蚀现象。

只要冰川发生流动就有可能发生上述现象,但是它们出现的程度和频率则视冰川所侵蚀的岩石的性质而定,并且分布在一定的地形部位上。羊背石和卷毛岩是冰川谷底的现象,它们大多集中分布在冰坎的上部,往往许多冰坎是由一群羊背石及卷毛岩组成的。在冰蚀盆地底部地形比较平坦,不易出现这种地形。三角面是冰川强大侧蚀力量的证据,冰川在前进运动中,

20×15=300

第 14 頁

切去突出的山嘴，使流水侵蚀造成的连续山嘴（山区河谷蜿蜒状）均被削平形成箱状的槽谷，山嘴切平即成为三角面。谷地上所出现这种三角面是冰川侵蚀的结果，往往在较大的河谷中。三角面既可以由于河流迂到山前冲刷而侵蚀形成（侧蚀）也可由于断层而形成。不能把三角面作为冰川作用的根据。槽谷肩在槽谷保存完好即冰川退缩不久时易于辨认，但当年代久远，在坡上流水作用下，槽谷肩往往被破坏，被分割，此时的谷肩只能根据断续的高度一致（向下游倾斜）坡折来恢复，但其下的谷地至少应保持箱状谷。修切线是指冰舌伸达有植被的谷地中，破坏谷坡森林或草皮，当冰川退缩变薄时出现一明显的植被的裸露界限，这就叫修切线，是海洋性冰川常见的现象。磨蚀界是指冰川谷不一定全部为冰川充填，此时冰川厚度所及的谷壁处，有明显的磨蚀现象，有冰蚀刻槽，成群的擦痕以及磨光面分布在

20×15=300

第 15 頁

该高度以下，从而山上部未被冰川接触过的谷壁形成明显的对比，藉此可以判明过去冰川的厚度。

磨光面是各种冰蚀地形中分布最广的特征标志。冰川在运动中形成大量的磨光面，包括基岩和冰碛石上的大小磨光面。在谷壁上大者可以长数丈，小者在冰碛石上以数十厘米计算。磨光面上往往分布着擦痕，如果是在基岩上则方向大体一致，如果在冰碛石（漂砾，erratics或boulders）则可以有各种方向，因冰碛石是移动的。在观察磨光面时，要特注意不要把断层磨光面与冰川磨光面混淆，在变质岩中这种断层是很多的，而发生冰川的山区大多为结晶岩和变质岩，因而要特别小心。不过断层磨光面也有些独特的标志，它的擦痕是方向一致的，并且都不深作微波状，摩擦后往往有局部的磨棱化现象或新生矿物的出现，与原来岩石颜色光泽都不同，而且此种磨光面是在同一方向上平行成组出现的。但我们仍须在

20×15=300

第二节　山岳冰川的几种地貌类型

第 16 頁

工作中特别细心。

冰川擦痕是冰川地形中分布最广的好的标志。它不仅可以说明许多问题，值得注意。但是现在我们要提醒大家注意的是要认真辨别真假冰川擦痕，并且要不要过于迷信擦痕。研究东部第四纪古冰川的许多人以擦痕作为他们的最后论据在理论上是危险的。我们承认冰川能造成大量擦痕，但却不能倒过来说擦痕一定是冰川造成的。泥流能造成擦痕（指mud flow），地滑能造成擦痕，石冰川能造成擦痕，河岸冰冻后当解冻时发生流动也会造成擦痕。至于细小的擦痕则各种介质搬运（水、风、海、湖波浪）均可使被搬运的岩石碎屑彼此摩擦而形成擦痕。不可否认人力畜力也能造成擦痕。在鉴别冰川擦痕上最有意义的是钉子头擦痕和新月形的擦口，因为这说明它的压力是很大的，而这一般只有在冰川中才能产生。擦擦的大漂砾上这种擦口及擦痕很多而且很深。一般冰碛中都有大量擦痕，但也有许多冰碛并无擦痕，这主要取决于冰碛所处的部位。冰川的底碛是富于擦痕的，因冰碛摩擦机会多、压力大。但侧碛多由表碛山坡直接滑下的岩石碎片组成，相互摩擦机会不多，压力更小，故擦痕很少。表碛及由表碛转化成的

20×20=400　（甘印）　　北京市文化用品公司发行

第 17 页

消融碛擦痕最少，当然如果其中有从底碛以至内碛转化来的则仍有可能是有擦痕。冰川的终碛是由底碛、内碛和表碛组成的，所以底部冰碛擦痕多，表部冰碛擦痕少。

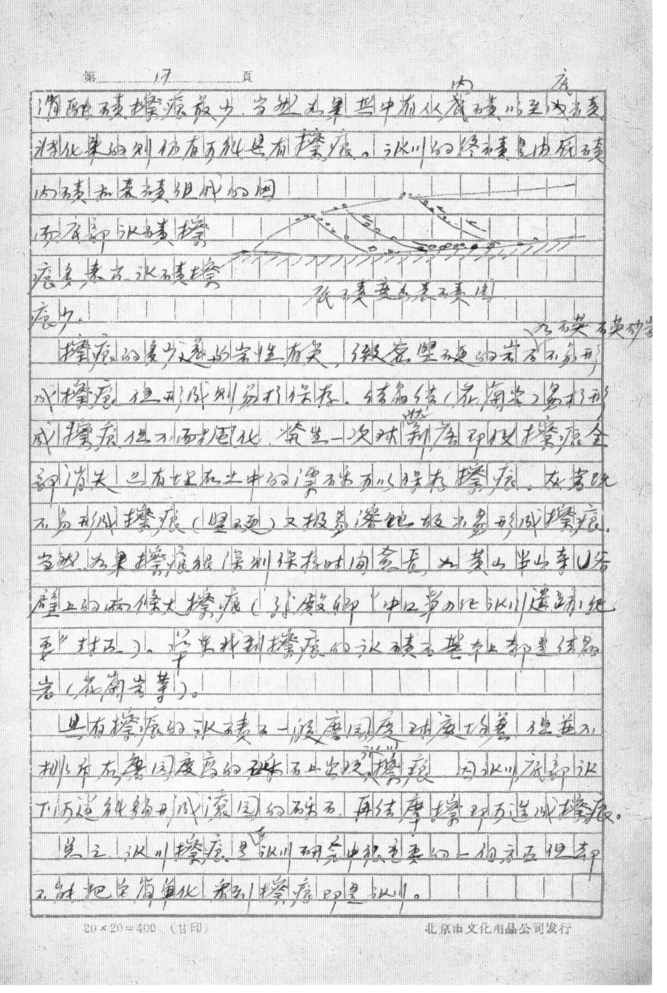

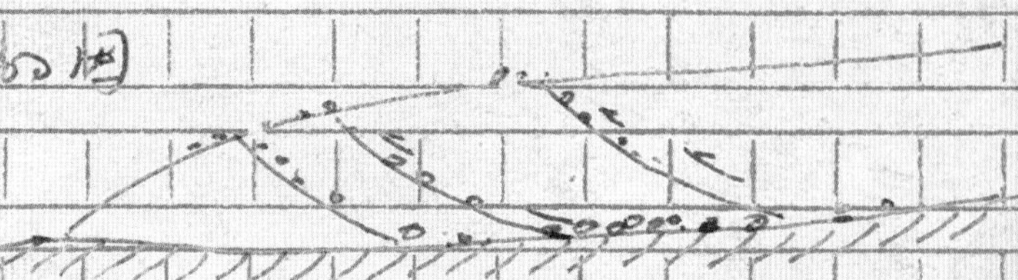

底碛变为表碛图

擦痕的多少又与岩性有关，致密坚硬的岩石（如石英岩、石英砂岩）不易形成擦痕，但一形成则易于保存。结晶岩（花岗岩）易于形成擦痕但易于风化，发生一次风化剥落即使擦痕全部消失，只有埋在土中的深部才可以保存擦痕。灰岩既不易形成擦痕（坚硬）又极易溶蚀，故不易形成擦痕。当然如果擦痕能保存时间愈长，如黄山半山寺陡壁上的两条大擦痕（孙殿卿"中国第四纪冰川遗迹纪要"插图）。平常我们找到擦痕的冰碛石基本上都是结晶岩（花岗岩等）。

具有擦痕的冰碛石一般磨圆度和球度均差，但并不排斥在磨圆度高的砾石上出现冰川擦痕，因冰川底部冰下河道能将磨成滚圆的砾石再经摩擦即可造成擦痕。

总之，冰川擦痕是冰川研究中很重要的一个方面，但却不能把它简单化，看到擦痕即是冰川。

20×20=400 （甘印） 北京市文化用品公司发行

第 18 頁

§3、冰碛的一些问题

冰碛（Morainen, moraine, Moräne, Морена）泛指一切由冰川搬运和堆积而成的岩石碎屑的堆积。大陆冰川的冰碛一般用"till"但往往欧洲地质学家把它当作"Moraine"的同义语。后者语源来自Alps山居民，前者则最初用于英格兰指无分选无层次的砾石（各种粒级及磨圆度一般磨圆度低）及粘土混杂的沉积，故又叫做"冰碛泥"或"泥砾"（Boulder clay = till = Drift clay = drift，不过drift虽亦用于冰碛但亦指冰水沉积，甚至其他非冰川沉积，原义为漂流及漂积物为风吹了）。但是，绝不能以为冰碛一定包含大量的粘土，一定是泥砾。只有冰川流过岩性软弱地区或者冰川强大磨蚀作用很强，冰川的底碛和终碛才富于粘土成分。山岳冰川的侧碛、一般冰川的表碛所含粘土是很少的。冰碛物是否含大量粘土还看冰融水的情况而定，如果融水很强，则带走细粒粘土。大陆冰川的内带即很少粘土，道理即在于此。

底碛是冰碛中受磨蚀、压碎最强的，因而富于粘土、条痕石。当砾石在冰川底部被不断滚动时冰碛石能达到很高的磨圆度和球度，有时形成圆柱状。但是，更多数的

20×20=400　（甘印）　　北京市文化用品公司发行

第 19 頁

冰碛石在底部被磨蚀造成"烙铁"（熨斗）形状，其底面与冰川床接触，磨蚀最重，其他各面则被小碎石磨成许多擦痕及瘢子[illegible]等。据伯纳（1934）的试验，在冰川底部，水、砂、石混杂在冰川运动过程中，砾石磨圆极快，一般1/4英里即可磨圆，而在河流运动磨圆需要许多哩。因此，冰碛中的砾石是形式多种多样的，不要以为全都是棱角状的。对于大冰川及运动快的冰川来说，尤需注意这一点。山岳冰川由于山坡上经常供给大量棱角碎石，故冰碛的磨圆度不高，但大陆冰川由于主要是底碛，故磨圆度高的冰碛石所占的比重很大，这是阿加塞兹早就注意到了的问题。大陆性冷型冰川，冰川作用微弱，山坡供给大量的风化岩块碎屑，冰川沉积的冰碛中磨圆度均极低，其表擦痕也不多见，这在祁连山是很显著的。

对地貌学者最感兴趣的是冰川的终碛，它是判别冰期的根据之一。但必须说明，并不是所有横贯河谷的终碛都可以作为划分冰期的根据的，因为有的终碛只是冰川退缩停顿或再前进的产物，它们可以叫做"冰退终碛"以别于前者。按前述冰川进退可以把它们分为十年周期终碛和布吕克纳周期终碛。

当冰碛主要由底碛组成时，它富于粘土，多条痕石，这主

20×20＝400 （甘印）　　北京市文化用品公司发行

第三节　冰碛的一些问题

要是在冰川前进期中推压造成的，当终碛主要由表碛滑下堆积成时则粘土成分极少，主要为棱角状碎石。小型的冰斗冰川或冰斗山谷冰川的挖掘磨蚀力量不大，终碛主要由表碛内碛转化而来，终碛主要为巨大的岩块，刚形成不久时位置极不稳定，工作中应注意。

冰川终碛中可能会有局部的冰水沉积，这是冰舌脉动或进退时造成的沉积相的交替。在冰舌前进中有时推压力很大，可以把老的冰碛推压成压力冰碛，尤其是主要为冰碛泥组成的终碛更易发生这种现象。（逆掩层）当有冰水沉积夹入其中时，形成更显著的褶皱构造。这在天山乌鲁木齐河上源常见到这种现象。

冰川并不一定造成肥厚的终碛，这可能是①冰川融水使沉下的冰碛随下随带走不形成冰碛 ②后期流水破坏冰碛（坡度陡更易发生）③后期冰流加积埋藏终碛。

同一冰期的冰川终碛不一定高度位置相同：①冰川大小坡向不同冰舌下降位置本来就不同 ②冰期后也有分异运动造成高度差别。因此机械对比终碛是不一定永远可靠的。

一般以为冰碛和流水相沉积相间代表冰期和间冰期。如果冰碛层下出现磨圆的砾石层则以为后者是

第 21 页

间冰期或冰前期的产物。马尔科夫在研究帕米尔冰川时早在1935年就指出，冰碛下部较分选良好的磨圆度好的卵砾层，完全可以是冰下流水的产物。近年来苏联冰川学家在中亚进行冰川厚度的测量时，发现许多冰川底部有巨厚的松散堆积物，如中亚某处的费琴科冰川竟厚达400m（该冰川最厚900m，中部770m，末端200m，均大大超过过去的估计）。这样厚的松散沉积物可能与冰融水带入山坡碎屑物质有关。冰石好像被松散物质抬高了。冰融水的活动频繁能使底部碛石变圆，这一点可以印证实前述的判断。

在海洋性气候地区，冰期和间冰期的气候差别很大，因而冰碛在间冰期可以受到强烈的化学和物理风化，时代不同的冰碛可借风化度不同进行对比。另外间冰期中植物多，可从间冰期地层中采集古生物及C^{14}等的分析。但在大陆性气候地区，山岳冰川气候变化不那样强烈（如中亚和西部冰期和间冰期主要是雨量多少的问题），因而没有这些条件可以应用。冰期的划分主要靠地形分析，这样只能解决相对年代问题，缺乏大区对比的根据，这是工作困难之处。但相关沉积中古生物的研究可以为此提供帮助，今后值得向这方面发展。

第 22 頁

最后需要谈谈假冰碛的问题。山岳冰川地区土崩、地滑及山崩都是很多的，往往也造成横断河谷的阻塞堤，外形上颇似终碛，岩石碎块性质也近似冰碛，因而容易造成错误的判断。解决这一问题的最有效的方法是对比岩性。如果是山崩土崩则岩石碎块当会来自就地山坡，岩性是单一的；如果是冰碛则来自谷地河上游，成分是比较复杂的。

本章参考书

1. C. A. Cotton
climatic accidents 1942
(Section II)

2. The Quaternary Era 1957
J. K. Charlesworth
(Vol. II)

3. Glacial and Pleistocene Geology
R. F. Flint 1957.

一. 冰斗

a. 冰斗与围谷、谷源问题

b. 冰斗的形成作用

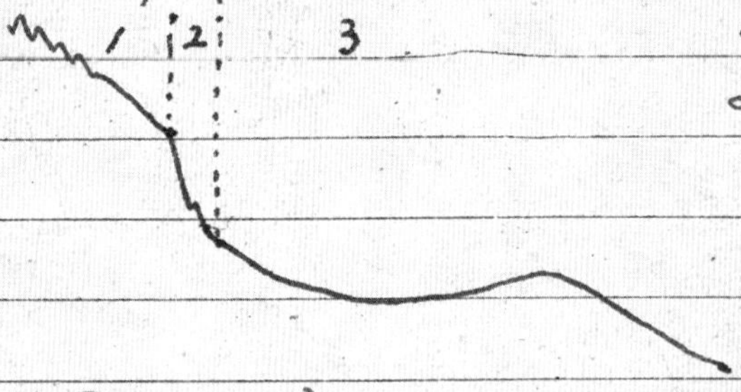

1. 雪崩槽剥成刃脊、角峰
2. Sapping 潮湿挖蚀
3. 冰川流动旋转磨蚀及拔蚀.

c. 雪蚀作用的地位.

在冰期开始及结束两时期中均有雪蚀作用有助于冰斗的形成，但雪蚀只能形成冰斗的雏形，像冰斗盆及冰槛只能由冰川形成.

d. 冰斗形成的有利条件.

1. 冰前期有集水洼斗，合水底较宽便于冰斗扩大. 2. 冰期开始是形成雪坑并雪蚀作用加深前述洼斗或在山坡上形成成排雪蚀凹地. 3. 冰斗冰川作用时期维持较长，山顶多冰雪覆盖，否则大冰川的集雪区域扩大，冰斗侧壁消失或背壁不很发育，不能伸达后壁. 4. 岩性均一，地层水平或倾向与坡向相反，火成岩石灰岩成块状多节理有利于冰斗发育.

e. 冰斗与雪线. 成排的冰斗底能代表雪线位置，个别冰斗可高于雪线，也可低于平均雪线. 世界冰斗有低于海面者. 成层冰斗要相距远、形态独立者才能代表古雪线，个别冰斗内部的小阶梯可代表冰川后退的阶段，但不能代表冰期，因内部阶梯只能是冰川后退的产物.

f. 假冰斗. 干燥区风蚀凹地及潜蚀谷头，石灰岩区的大洼斗谷源，黄土高原区也常有谷侧洼斗凹地.

第三节 冰碛的一些问题

二、槽谷.

a、A.彭克的逆坡下切成槽谷，与E.de.马东的侧蚀作用成槽谷.不过后者也同意能造成冰蚀盆地.

b、槽谷的典型形态是，有槽谷头、冰蚀盆地、横剖面U形.但常是V形.

c、槽谷之非典型取决於.

①冰帽期谷型，最好不要太宽.②海洋性气候冰量大流动快.

③冰川作用时期长.④冰川底岩节理，结晶岩块状者为好.

d、假槽谷.

①差蚀而成 ②断层槽状谷.③山区V谷注填(气候变化)后成V似U谷.④灰岩区河谷.

三、悬谷.

a、悬谷代表主支流侵蚀力不协调，这是冰川侵蚀的规律，与流水相反.悬谷有 1)支冰川悬谷.2)冰斗悬谷 3)合流悬谷.

b、假悬谷 1)冰后入流水侵蚀区，小支流成悬谷.易误 2)灰岩区裂隙主流下切成悬谷，造成假U谷假冰斗，假悬谷的结合.3)河流裂隙悬谷.4)抬升使主流下切成悬谷. 5)切割晚期主流均是箱状谷，支流不适应也成悬谷，如汉江洮河有此情，有时悬谷似冰斗.6)断层悬谷 7)挠曲悬谷 海边.

c、悬谷岩咀.(河流也有)

四、冰蚀微地形.

a、羊背石擦痕岩之拔蚀磨蚀痕迹代表冰川作用地点或冰川大漂砾分布在冰块上.

b、三角面.切割连锁山咀.但非河谷.断层均能成三角面.

c、槽谷肩.冰川可以造成谷肩，但谷肩大体表示冰川上限.

d、修切线.e、磨冰界.f、磨光面、刻槽、岩、石上.

9. 刻槽的擦痕

注意假擦痕、泥流、石流、河冰、地滑、断层、动力、人为。

冰碛中只有统计上5-10%的冰碛石有擦痕，我们以为更少。主要在底碛、终碛中。结晶岩易成擦痕，不易保存，石灰岩易有，但易溶蚀，石英岩细砂岩最好，形成后易保存。

丁字头、擦口是最有利的冰川擦痕。

§3. 冰碛的一些问题

1. 粘土、碎块石、圆砾石，都可有不同比例，大陆冰川多粘土，山岳冰川少粘土，我的冰川更少粘土。冰川下有水道，流水滚圆砾石不奇怪。

2. 终碛 冰期意义

但冰川可无终碛，理由是①冰水多不形成终碛，②后期破坏或被掩埋。

同期终碛高度不同 ①冰川大小坡向不同，冰舌位置不同。

②冰期地壳运动造成不同。

3. 冰碛下埋大面积冰水沉积不足怪，[illegible]冰川下有细的未胶结层，我认为多是冰水搬去的。

4. 冰碛对比

海洋气候冰期内冰期气候变化大，风化度化石均可作证。大陆…………差别不大，很难。先就地形演化搞相对年代。

5. 假冰碛、山崩、土崩，易成，但岩性单一。

第三节　冰碛的一些问题

附 录

No.1

32

附录：

关于冰期变化的原因问题

关于冰期变化的原因问题

第 1 頁

〔附〕关于冰期变化的原因问题

地质史上冰期曾多次出现，C.E.P.布鲁克斯(1951)作了一个地质史上北半球40°—90°N的平均温度变化的曲线。该曲线指出，震旦纪、石炭—二叠纪以及第四纪是温度下降到0°C以下的时期，因而发生冰川作用。

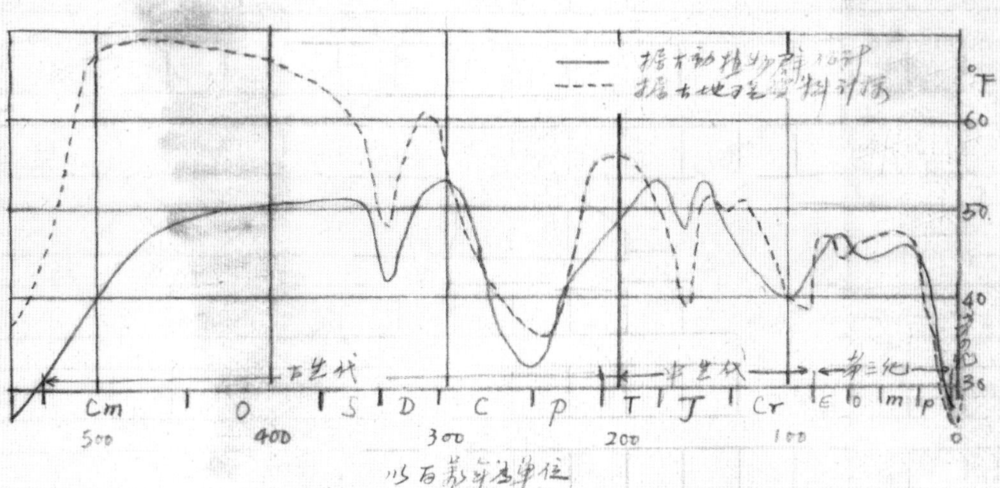

地质史上40—90°N年平均温度的变化曲线（C.E.P. Brooks）

关于冰期变化的原因，据布鲁克斯总结为下列数数。

I. 宇宙因素引起气候变化的理论。

A. 太阳辐射变化。

1. 直接影响温度

2. 降水因辐射增加而增加造成冰期(辛浦生)

20×20=400 （甘印）　北京市文化用品公司发行

第 2 頁

B. 地球轨道的变化.

1. 黄道与赤道交角变化

2. 地球轨道离心率变化

3. 岁差变化.

C. 潮汐变化. 引起冰盖边缘形成冰山的数量不同而引起海洋温度变化.

II. 地球因素引起气候变化.

A. 大陆漂移说 即气候带不变 也是海陆位置变化. 冰盖位置移动

B. 地理因素变化.

1. 上升和侵蚀的地形循环交替

2. 造山作用影响.

a) 地势增高温度降低.

b) 云量增加, 反射增加.

c) 冰雪面积增加.

d) 降水增加. 蒸发增加.

3. 两极冰盖加强气候变化

4. 海陆分布位置的变化 引起洋流变化

5. 大气环流和洋流受到的特殊影响 (如古生代晚期)

C. Humphrey 关于火山活动强烈时期中火山灰尘对日照和大气辐射的影响的理论

20×20=400 (甘印)　　北京市文化用品公司发行

关于冰期变化的原因问题

D 二氧化碳在地质史中的变化及其对吸收辐射的影响。

对于第四纪冰期的原因，南斯拉夫天文学家米兰科维奇根据宇宙因素观点作了计算，其结果与地质-地貌研究颇相符合，尤其和A. Penck关于Alps山冰期的划分十分一致。这是宇宙说中比较好的。辛浦生关于太阳辐射影响降水从而影响冰期的说法也是影响很大的假说。K. K. 马尔科夫则接收兼容并包的看法，认为辛浦生的观点适用于南极北极，而A. Penck及米兰科维奇的观点适用于中低纬地区。

在地理性假说中造山作用的观点较有力量。但那种认为造山作用是冰期决定性原因的说法，比较难于得到多数人的支持。现在的争论往往是关于造山作用及地理因素相对重要性的争论。

R. F. 弗林特主张天文-地理因素的观点。（Solar-Topographic Concept）

"颇为易见，一般说来是：1）新生代晚期的造山作用和冰川的发生有密切的联系，2）太阳辐射变化与冰川规模的变化有密切的联系。这些相关关系乃是检验冰川作用起源理论的十分牢固可靠的基础。如果我们在地质

第 4 页

史中太阳辐射引起温度的升降并具有循环的特点，则这种辐射变化就应当是冰期和间冰期中冰川规模变化的原因。这种影响只有在绝对高度很大的陆地段落上表现出来。因而，我们设想，太阳活动性的变化决定着大气的状况，从而不只一次地引起新生代晚期陆地上比较高的地段冰川的发生和消失。但是太阳辐射的变化却不能对低平的新生代早期的地区发生同一作用。换言之，这并不和现在已知的事实相矛盾，即太阳能量的变化只有在山地上升导致温度降低的地方才能引起强烈的冰川作用。

高起的陆地部分的存在，作为冰川广泛发展的必要条件之一，可以解释何以在全部地质史上地层剖面中冰川作用广泛分布的标志比较稀少的原因。只有在上升很强并首先在褶皱带中隆起高地时，太阳能不大的变化就会引起温度的降低，从而造成巨大的冰川。新生代陆地植物及海洋无脊椎动物的资料表明新生代末期温度降低。低地上降水量减少也证明这一点。众所周知，降水的分布是不均匀的，上升山地的迎风坡上最大而在山间盆地内则最小。这样就提供了冰川作用发展的必要条件，也即是说降水增加而温度降低。雨量在山坡

20×20=400 （甘印） 北京市文化用品公司发行

关于冰期变化的原因问题

第 5. 页

上第中当温度进一步降低时就造成丰沛的降雪，而后就出现冰川。

上述理论可名之曰太阳—地势概念（假说—李）。它似乎是两种观点的概括，当然，这只是解释更新世（第四纪—李）气候变化的尝试，这种气候变化显然是受更複雜的各种原因的影响的。”（R. F. Flint，1957）

我们认为，弗林特的观点是可以同意的。地史上的大冰期总与构造上造山轮回有关，但大冰期中的波动即如第四纪中的各次冰期则是气候变化即太阳因素引起的。不过，即使在冰期中地壳运动的影响也不能忽视，尤其是山地（如中亚）更是如此。有人以世界冰川的进退一律（根据地球物理学观察证明）来反对构造运动对山岳冰川发育的影响。但我们知道，目前的冰川进退只是布吕克纳周期或者多是千年周期的表现，显然它是完全取决于气候变化的。因为我们也不能设想山地能在一万年间升降几十甚至上百米，而且缘由冰盖荷重变化引起的升降在短期间即可达几十米以至百米以上（见于Alps）。不过以一个冰期来说，其延续期至少以数万年计（米兰柯维奇计算的冰期以Würm最短约为10000年，但最近研究认为Würm

20×20=400 （甘印） 北京市文化用品公司发行

第 6 頁

可分为早、中、后三个冰期，共计约50,000年时间。本区研究更表，这是用C^{14}鉴定的（绝对精度是可靠的），数万年中山体的上升量（尤其那些所谓后地台期的山体如中昆仑山）积累起来是很可观的。人们既然能承认古地理的改变位置能受新构造运动的影响（见马尔科夫"地貌学基本问题"，"第四纪地质学"南京大学编83页），为什么不能承认新构造运动不能对山岳冰川的冰期发生影响呢？阿尔卑斯山Würm冰期雪线比现在降低1100—1200m，在数万年中山地上升这样的数值是完全可能的。设想某地进入冰期发生冰川后，地势不断上升，在冰川后退时，地势上升量能抵销雪线的上升，那岂不是完全可能造成冰川稳定的后果吗？当然这是假设冰川发展和地势上升都是均匀变化的，在自然界中不仅冰川是脉动式的，地势上升也具有脉动性质（地震就是其表现的形式之一），当然没有这样简单就是了。因此，在强烈上升的山地，可以提早进入冰期，可以延长冰期，以至可以合并冰期，山地上升的时间幅度不同也可以缺失早期的冰期（新疆的西山地只有Würm冰期，因为山岳年龄太新的缘故）。正是由于这种情况，导致山岳冰川冰期次数不能在形式上完全相同。同时，我们还不能不指出，冰川的规模不同，冰川反映气候

20×20=400 （甘印） 北京市文化用品公司发行

关于冰期变化的原因问题

变化的幅度不同。Alps诸山谷冰川自1850年来退缩了2,000 m，但（东）部最大山谷的冰川只不过200 m左右。这就更明显不若阿拉斯加冰湾冰川1794年来退缩97公里的例子了。显然，大陆性冰川的稳定性是比较高的。且气候本身的升降幅度是不大的，因而山地上升的影响可能就更显著一些。因此，我们说在山岳冰川冰期的对比必须慎重，绝不能事先拿Alps四次冰期的框子可能全搬来套各处，更不用说拿远古生物化石等组合来支持我们的对比了。

即使对于大陆冰川来说也必须分别对待。第四纪在中纬地区发生过的大陆冰盖显然均处在西风带内，是海洋性的冰川，活动能力很强，反映气候变化很快。而南极冰盖却从来未消失过，冰盖中央的冰层有年龄达十万年的，运动速度慢得惊人，中央极盖的冰要流到边缘需数十万年时间。南极冰盖十分活跃的是它的边缘带，它靠近海洋补给丰富，因而流动迅速，一些溢出冰川年速度不下1,000 m。因此，冰期向间冰期只表现在极盖边缘的进退上。故根据南极冰盖和北半球目前均处于相对退缩的情况，否定辛浦生、马尔科夫的冰盖发育异时性的理论，看来还不能成为定论。因为目前的进退不过是短期性的，涉及到的只是冰川的边缘部分，至于从长期来看以及从冰盖来看，无论为何方能遽值

第 8 頁

得研究。例如各国学者均指出南冰盖边缘部分处于退缩状态，但冰川的物质平衡却是正的。阿夫修克以冰川的惯性来解释，认为在不久的将来冰川将发生前进。但根据斯尼特尼科夫的计算，现在我们正经历着千年新周期中的后退阶段，而且1958年后我们进入了本世纪内周期的后退阶段，北半球中低纬冰川将更迅速地退缩。由此看来，中低纬山地冰川和南极冰盖可能存在冰川发展异时性的见解还是值得重视的。

1964.4.12日于兰州

参考文献

1. The Earth as a planet
   The Solar System (II) 1954.
2. Glacial and pleistocene geology
   R. F. Flint New York · London
   1957.
3. Путешествие в Антарктиду
   К. К. Марков 1957
4. 1957—1958—1959国际地球物理年时期的冰川学研究
   阿夫修克 苏科院地理丛刊 1960. No. 5.
5. 刘泽纯 试论第四纪冰期发展的异时性和同时性问题 （1963年南京地貌学术会议）

20×20=400（甘印）　　北京市文化用品公司发行

后记

Epilogue

李吉均先生一生扎根祖国西部，足迹遍布祖国的山川高原，勇于探索，持久地追求科学真理，学术建树卓越；脚踏实地、身体力行、求真务实和治学严谨的作风，激励了一批批的学子成长为国家的栋梁之材。先生胸怀天下，心系地理学科和西部地区的长远发展，提出了一些前瞻性的战略规划和发展思路，以实际行动践行了“把文章写在祖国的大地上”的庄严使命。

先生教书育人和科研创新60余载，留下了大量珍贵的讲义、手稿和笔记等精神遗产。一个鲜明特点是，先生的手稿保存相对完整，时代跨度大，不仅包括先生大学时代的野外实习笔记，而且还完整地保存了祁连山冰川考察、第一次青藏高原科学考察等野外记录。这些珍贵的手稿，蕴含着先生教学上“春风化雨、润物无声”的治学理念和“做人、做事、做学问”求真务实的精神内核，饱含着先生“追求真理、精益求精”的科学精神，记载着先生对青年学子“德才兼备”的殷切期望，更再现了他献身国家、追求卓越的奋斗历程，也是留给后人的宝贵精神财富。

整理手稿的过程中发现，先生许多稿件均是多版本完整保存。仔细对比，不难发现，先生在创作过程中，曾几易其稿、精益求精，原貌记录了先生学术研究中缜密思考、一丝不苟的心路历程。以先生发表的经典文章《青藏高原隆起的时代、幅度和形式的探讨》（1979年《中国科学》）一文为例，手稿中不仅有一气呵成的原始初稿，也有定稿前精心雕琢的稿本，实属珍贵。正因如此，才使得这篇文章发表至今被广泛引用，成为青藏高原研究的经典文献。这些细节不仅体现了先生学术思想的发展脉络，而且表明了先生在治学中的严谨态度和求真精神。需要说明的是，过去发表的多是精心雕琢后的终稿，本版“李吉均手稿”呈现的既有初稿，也有终稿，目的是让读者更全面地理解先生的学术思想形成过程。另外，个别手稿所附图表因保存不当而缺失，实为憾事。

先生一生特别注重人才培养和讲义编写。早在20世纪60年代，就编写了《冰川学讲稿》和《古典地貌学的理论和评价》等讲义，但均未正式出版。此次出版先生1964年《冰川学讲稿》的手稿原版，一为回溯先生早期的治学思想，二为见证先生一生以冰川和地貌为主线的执着学术追求。作为我国冰川学研究的开拓者之一，先生1958年参加施雅风先生领导的祁连山冰川考察，20世纪70年代出版《冰雪世界》科普读物、带领青藏科考冰川组开展藏东南冰川的科学考察，在兰州大学地理系创办冰川冻土专业，主导编撰油印稿的《普通冰川学》，参编全国经典教材《地貌学》，主编《西藏冰川》和《横断山冰川》，如此等等，无不凝聚着先生深挚的冰川情结。

2005年，先生因手术事故身体留下永久性伤害，致右手不能书写，所以“文集”中无之后年份的手稿，殊为遗憾。然而，先生对科学的探索从未止步，仍坚持科研和野外工作，继续践行着“读万卷书、行万里路”的人生格言。

本书是“兰州大学名师旧稿影丛”之一，它的出版，得到了许多单位和个人的关心、支持和帮助，诸如先生家人和弟子，宣传部安俊堂部长、吴春华副部长和辛江龙老师，出版社雷鸿昌社长、张国梁编审和王曦莹编辑，兰州大学资源环境学院领导、南京师范大学地理科学院领导等，他们对手稿从组织策划、收集整理到编辑出版，倾注了心血，寄予了厚望，在此谨表衷心感谢！最后，特别感谢王乃昂教授领衔的中国科协老科学家资料采集小组所有成员和研究生的辛苦付出！

编委会

2023年8月